21世纪高等院校艺术设计系列实用规划教材

产品形态语意设计

杜鹤民　著

内容简介

本书系统地介绍了产品形态设计的基本原理和方法,重点从语意符号学的角度分析了产品形态所应具有的物质使用功能和精神功能的内涵,主要内容由产品形态设计基础、产品形态语意的符号学基础、形态符号语意的认知心理学基础、产品形态设计中的无意识、产品形态语意的设计规范、产品形态语意的设计实现和产品形态语意设计案例分析七部分构成。全书从语构、语用和语意相结合的角度讲解了产品形态设计的语意规范,并结合实际案例介绍了产品形态语意设计的具体实现思路和方法。

本书以培养应用型设计人才为目标,适合作为高等院校工业设计、产品设计等专业的教材,也可作为工业产品设计行业从业人员和自学爱好者的参考用书。

图书在版编目(CIP)数据

产品形态语意设计/杜鹤民著. —北京:北京大学出版社,2020.1
21世纪高等院校艺术设计系列实用规划教材
ISBN 978-7-301-31242-1

I. ①产…　II. ①杜…　III. ①产品设计—高等学校—教材　IV. ①TB472

中国版本图书馆CIP数据核字(2020)第023182号

书　　　名	产品形态语意设计	
	CHANPIN XINGTAI YUYI SHEJI	
著作责任者	杜鹤民　著	
策划编辑	孙　明	
责任编辑	孙　明	
封面原创	成朝晖	
标准书号	ISBN 978-7-301-31242-1	
出版发行	北京大学出版社	
地　　　址	北京市海淀区成府路205号100871	
网　　　址	http://www.pup.cn　　新浪官方微博:@北京大学出版社	
电子信箱	pup_6@163.com	
电　　　话	邮购部 010-62752015　发行部 010-62750672　编辑部 010-62750667　出版部 010-62754962	
印刷者	北京宏伟双华印刷有限公司	
经销者	新华书店	
	889毫米×1194毫米　16开本　13.75印张　321千字	
	2020年1月第1版　2022年1月第2次印刷	
定　　　价	69.00元	

前言

　　产品形态设计是工业设计、产品设计专业的核心课程。产品形态是产品传递出的直观的视觉信息，是产品内涵重要的外在表象形式。如何从实现用户心理需求、产品功能需求、产品结构与形态美相结合的角度进行产品形态设计是产品设计需要解决的重要问题之一。本书从培养高级应用型设计技术专业人才的角度出发，以系统解决产品形态设计相关问题为切入点，从符号学与语意学相结合的角度进行产品形态设计的方法论研究和实践研究。

　　一方面，形态是有形产品存在的物质基础。自然界中的自然形态（包括有机形态和无机形态）和设计师创造的设计形态之间存在某种必然的联系。自然界中的形态受自然规律和自然美的规律约束。同样，设计师创作的产品形态也要符合自然规律和人的审美心理的约束。研究产品语意，就是发现和认知这些隐性的、客观存在的规律。另一方面，工业产品有其特定的功能，可以是物质使用功能（如对日用品、工业机械、工具等的功能需求）或精神功能（如对首饰、装饰品及其他文化创意产品的功能需求）。当然，客观地讲，多数工业产品的设计其实是对上述两种功能的综合考量（区别可能在于侧重点及比重的差异）。产品的功能要求、功能实现的结构要求、产品材质及加工工艺等都会对产品的形态设计产生约束。只有综合两个方面进行创意设计，才能真正设计出符合现代工业产品设计要求的产品物质形态。

　　本书正是基于上述问题的考虑，以产品形态设计为目标，以产品的功能、结构、材质为综合设计要素，探讨基于语意学的产品形态设计理论和方法。第一章，产品形态设计基础部分，对产品形态设计的核心内容进行了介绍。第二章，产品形态语意的符号学基础部分，通过研究产品形态语意的符号学基础，阐述了产品形态语意学的概念，分析了产品形态语意所具有的符号学属性，回顾了符号学发展的基本历程，归纳了设计符号的种类和特征。第三章，形态符号语意的认知心理学基础部分，从认知心理学的角度对产品形态设计进行分析，为产品形态符号与用户信息认知建立沟通桥梁。第四章，产品形态设计中的无意识部分，主要以弗洛伊德的无意识理论为基础，研究用户无意识层面对产品形态设计的需求。第五章，产品形态语意的设计规范部分，主要对产品形态语意设计展开可操作层面的方法学阐述。第六章，产品形态语意的设计实现部分，在本书提出的基本设计规范基础上，进一步从产品形态语意设计的系统论层面，具体从功能要求、结构要求、材质要求、色彩要求等方面对产品形态语意设计实现进行了阐述。第七章,产品形态语意设计案例分析部分,通过设计案例对具体设计过程中的产品功能需求、结构及工艺需求等实际情况进行了分析,并从物质与精神、实用性与艺术性相结合等角度对产品形态设计的思路及方法进行了剖析。

本书在编写过程中,力求体现学术性、实践性和可操作性,通过对语意学理论的阐释使学生在产品形态塑造过程中,能够结合形式美法则、符号学、语意学理论进行深层次的产品形态塑造,使产品能够与用户认知相匹配,从心理需求的层面满足用户无意识层面的使用和精神需求。本书根据现代产品创新设计的教学要求编写,学生结合本书的学习,能够从产品多维度创新的角度进行产品形态的综合设计,结合相关命题设计和项目设计实践,切实提高产品形态设计水平。同时,本书通过产品形态语意设计方法的系统研究,提供了产品创新设计的思路和方法,可供学生探索工业产品创新设计之道。

本书在编写过程中,参考了有关书籍和资料,在此向相关作者表示衷心的感谢!本书在出版过程中,得到了北京大学出版社的大力支持,在此对本书的编辑和相关同志付出的辛劳表示衷心的感谢!

由于编者水平所限,书中难免存在疏漏之处,敬请读者批评指正。

作　者
2019年8月

目 录

第1章　产品形态设计基础

本章要求与目标

要求：理解产品形态设计在产品设计中的重要性；掌握产品形态的分类；理解构成和影响产品形态的相关要素。

目标：能够对产品形态进行正确认识，明确用户对产品形态物质使用功能和精神功能的双重需求；通过观察与分析，理解产品功能、结构、材质、技术、文化、市场等因素对产品形态的约束作用。

本章内容框架

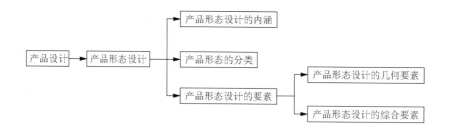

1.1 产品设计和产品形态设计

产品设计区别于视觉传达设计、环境设计，专指能够提供给市场，被消费者购买和使用，以生活用品、装饰用品、生产用品为主要对象，综合运用技术、文化、社会等知识，创造满足人类物质文化生活需求的一种开发创造活动。

产品设计首先是一种设计。随着社会信息化的发展，广义的产品设计所指的产品既包括有形的物质也包括无形的服务。正如国际工业设计协会更名为"国际设计组织"，其外延被放大一样，重新定义的设计的概念为："设计旨在引导创新、促发商业成功及提供更好质量的生活，是一种将策略性解决问题的过程应用于产品、系统、服务及体验的设计活动。它是一种跨学科的专业，将创新、技术、商业、研究及消费者紧密联系在一起，共同进行创造性活动，将需要解决的问题、提出的解决方案进行可视化，重新解构问题，并将其作为建立更好的产品、系统、服务、体验或商业网络的机会，提供新的价值及竞争优势。设计是通过其输出物对社会、经济、环境及伦理方面问题的回应，旨在创造一个更好的世界。"

产品形态设计服务的对象是产品，一般以有形的产品设计为主。从现代设计的角度来看，产品形态设计是一个系统的设计过程，以形态为出发点和落脚点。从工艺美术和单纯审美的角度来看，它并非传统意义上的造型设计，而是包含技术、商业、消费者需求、用户体验，且满足社会、经济、环境及伦理等多因素的复杂设计过程。

1.2 产品形态设计的内涵

产品形态作为传递产品信息的第一要素，能使产品内在的质、组织、结构、内涵等本质因素上升为外在表象因素，并通过视觉而使人产生一种生理和心理过程。与感觉、构成、结构、材质、色彩、空间、功能等密切相联系的"形"是产品的物质形体，对于产品造型来说指的是产品的外形；"态"则指产品可感觉的外观情状和神态，也可理解为产品外观的表情因素。产品形态是信息的载体，设计师通常利用特有的造型语言进行产品的形态设计，利用产品的特有形态向外界传达出自己的思想和理念。很多时候，消费者在选购产品，尤其是选择非生产资料的工具性产品时，也常常通过产品形态所表达的信息内容来判断和衡量是否与其内心所期望的一致，并最终做出是否购买的决定。

产品形态是指通过设计、制造来满足顾客需求，最终呈现在顾客面前的产品状况，包括产品传达的意识形态、视觉形态和应用形态。按照美国认知心理学家诺曼的理论，可将设计概括为本能、行为和反思三个层次。如果一一对应的话，本能即人的第一反应，属于意识形态的精神层面属性；行为即应用层面的使用属性，产品需要满足人对产品的功能需求，产品的形态应该有用、易用；反思则是一种综合，与文化、信息及产品的功能均有关联，但更注重精神层面的文化内涵设计。如图 1.1 所示，从左至右分别是外星人榨汁机、轿车后排扶手和茶漏的形态设计。外星人榨汁机给人以视觉的美感和精神的享受，但其并非实用功能最优的设计；轿车后排扶手的设计则是从用户对物的使用功能出发；茶漏的设计既考虑了使用功能，又兼具形态的视觉美感和趣味性。

图1.1　不同层面的产品形态设计

1.3　产品形态的分类

形态是具象的物质存在。自然界的形态称为自然形态，又可分为无机形态和有机形态，如图 1.2 所示。无机形态指无活性的非生物形态，有机形态则指自然界中的动物形态和植物形态。自然界中的自然物遵循和体现了自然规律，其存在表现为一定的结构、形式和秩序。形态设计师作为自然的一分子，在设计中也受到自然规律的引导和制约，并不断地接受自然形态的启迪。

相对于自然形态来说，产品属于人造物的范畴。因此，产品形态也称为人工形态。

产品形态设计是将天然形态的物质材料经过人的有目的加工，制成人造物的过程。在这一过程中，设计师将自然规律、自然界的启迪、个人情感与产品需求相结合，设计出不同的产品形态。从产品设计的角度对产品形态分类，可以将形态分为具象形态和抽象形态。

（a）无机形态　　　　　　　　（b）有机形态

图1.2　自然界中的形态

　　依照自然界中客观物象的本来面貌构造，来反映物象的真实细节和典型本质的仿生设计形态称为具象形态。如图 1.3 所示的是自然界中的鸟巢（自然形态）和在鸟巢的启迪下设计出的 2008 年北京奥运会主场馆（人工形态）。这种以模仿和学习自然界中事物和现象的"形""色""音""功能""结构"等，有选择地在设计过程中应用某些特征原理进行的设计称为仿生设计。对于产品形态设计而言，仿生设计则主要指形态模仿。

图1.3　自然形态和以仿生设计为主的具象形态

　　抽象形态可以简单理解为自然形态到人工形态的进一步演进。它不以直接模仿为结果，根据原形的概念及意义创造出新的观念符号，有时使人无法直接辨清其原始的形象及意义，而可能以纯粹的几何观念塑造出具有客观意义的形态。如图 1.4 所示，左图的茶壶设计以南瓜为原型，但已经脱离了单纯的具象模仿；而右图的设计则完全是几何形态的。

　　产品形态设计中的具象形态是在满足功能的前提下对自然形态的审美模仿；而抽象形态设计是对自然形态的人为概括和抽象，通过将形态纯粹化，再对纯粹形态进行放大、缩小、分解、变形、组合与重构，从而实现产品形态的有机塑造。

图1.4　产品形态设计中的抽象形态

1.4　产品形态设计的要素

从现代意义上产品设计的角度来看，材料、结构、形式、文化、市场、技术、功能等构成了产品形态设计的综合要素。

产品形态实际的影响因素之间的关系是错综复杂的，如图 1.5 所示，诸要素之间又相互影响，共同决定了产品的构成形态。

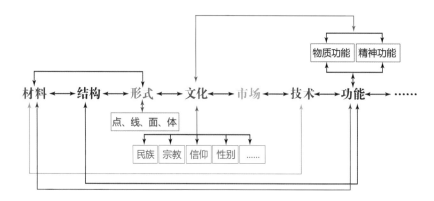

图1.5　产品形态设计中各要素之间的关系

1.4.1　产品形态设计的几何要素

优秀的产品形态设计是多因素决定的结果，从造型的角度来看，点、线、面、体构成了产品形态设计的几何要素。产品形态设计的几何要素即产品形态的形式要素，如图 1.6 所示。这些几何要素的表现和运用，遵循以构成为基础的形式美法则，通过统一与对比、对称与均衡、节奏与韵律、比例与尺度、空白与虚实等规定和约束着美的构成形式的基本规律。

遵循形式美法则的产品几何形态的构成设计是人们通过对审美规律的高度概括和归纳，从视觉形态塑造的角度，从审美功能出发，来提高产品审美价值的重要手段。

图1.6　点、线、面、体几种不同几何元素的椅子形态设计

1.4.2　产品形态设计的综合要素

产品形态设计的综合要素是现代设计系统论要求的必然结果，是以用户为中心和在绿色设计等现代设计理念约束下，对产品材料、结构、文化、市场、技术、功能等的综合设计。

产品形态作为人工形态，是人们有目的的劳动成果，其根本目的是满足人的某种需要。与自然形态相比，自然界中物态的存在是自然演进状态下某种合乎目的性的结果，而人造物则是人对产品功能要求的具体体现。物的功能包括物质功能和精神功能两方面。与纯艺术品以精神功能创造为核心不同的是，产品功能强调物质功能和精神功能的有机结合，两者在产品功能中所占的比重取决于材料、结构、形式、文化、市场、技术、功能等多种因素对产品形态和功能塑造中造成的差异,取决于消费者的需求。如图 1.7 所示，马斯洛的需求层次理论模型将人的需要归纳为生理需要、安全需要、社会需要、尊重需要和自我实现，不同的需要对产品设计诸因素的影响决定了产品形态的塑造。

1．材料

材料是产品设计的重要因素之一。材料在产品形态设计中的运用一方面取决于产品设计中影响因素的需要，另一方面取决于技术的进步和发展。如图1.8所示的是从石材到胶合板的椅子设计。材料对于产品的重要性在于，材质的差异可以影响物的使用功能，可以通过对稀有材质和新材质的运用增加产品的价值属性，从而满足特殊消费人群对自我实现和自身价值体现的需要。材料的重要性还表现在材料是结构的基础，生产力水平的提高和时代的技术进步，会带来新材质、新工艺的运用，从而使产品传统的结构形式发生质的变化。

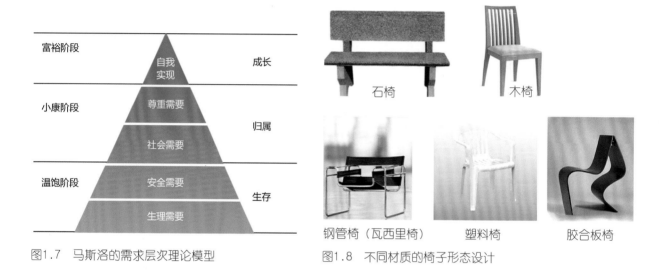

图1.7 马斯洛的需求层次理论模型　　图1.8 不同材质的椅子形态设计

概括而言，材料对于产品形态的影响包括视觉与结构两个不同的方面。

材料对于产品形态的视觉影响包括质感和肌理两方面。石椅和钢管椅给人以冰冷、坚硬的感觉，木椅给人以自然、朴素的感觉，而塑料椅和胶合板椅则给人以机械化和现代的感觉。肌理是材质表面组织结构的群化表现，石椅或木椅椅面的不同材质的表面肌理，可以有纵横交错、高低不平、粗糙平滑或大小、方向、形状、密度、明度、规则和无规则等不同的视觉效果。

材料对结构的影响对于产品形态设计是显而易见的，传统木椅采用榫卯结构，塑料椅采用模具注塑成型，胶合板椅则采用热压工艺。不同材质有与之相适应的加工工艺和构造形式，决定了在进行产品形态塑造时首先必须考虑加工工艺。

2．结构

结构与材料密切相关，材料决定了产品的结构形式。产品的功能借助一定的结构形式得以实现，同时，只有符合产品功能的结构形态设计才能成为合理的设计。在产品形态设计中，往往通过对设计对象结构的变化设计出巧妙的、多功能的产品，尤其是在追求创意、创新，强调资源节约和以用户为中心的设计理念的当下，巧妙的结构设计通过简单的形态塑造可以设计出优秀的产品。如图1.9所示的是2014年红点概念奖的获奖作品——模块化可拆卸凳子，其简单的形态采用了搭接和阀门紧固的连接结构，满足了扁平化的包装设计要求，使运输和存储变得更加经济。

图1.9　模块化可拆卸凳子设计（Ivan Ho设计）

　　优秀的结构设计是实现产品功能的前提，但对于由结构决定的产品形态来说，在进行设计时，还需要考虑人－机－环境之间的相互关系。如图 1.10 所示的是国内某设计竞赛的优秀获奖作品，设计师的出发点是非常好的，在绿色设计理念的驱动下，力求设计出能将婴儿推车和学步车相结合的成长型产品，同时满足了车载安全座椅的多功能需求。然而，只要对使用环境加以分析，就会发现普通家用轿车的后排座椅下是没有手推车轮子的收纳空间的，且儿童安全座椅需要像成人座椅一样通过安全带固定儿童，而不是将整个儿童车通过安全带固定在汽车座椅上（普通家用轿车车内空间及儿童安全座椅的基本结构形式如图 1.11 所示），这无疑脱离了对现实使用环境的充分考量和使用方式的特定要求。因此，很多看上去很美的创意设计有可能成为伪设计。

图1.10　可车载多功能儿童推车设计

图1.11　普通家用轿车车内空间及儿童安全座椅的基本结构形式

3．文化

正如诺曼对产品反思层面的属性定义，文化要素即产品形态所具有的文化内涵，优秀的产品形态设计不仅包含或满足人的生理层面需求，还有可能需要通过文化层面的内涵设计来满足人的自我实现的需要。如同物质功能满足人的使用需求一样，文化层面的精神功能可以满足人的精神需求。

诺曼在《情感化设计》一书中通过比较美国时间设计公司（Time by Design）的"派"（Pie）手表和卡西欧的 G-SHOCK 手表的设计案例（图 1.12），来说明反思所包含的精神层面的文化因素。"派"手表设计重在反思层面的形态构造，诺曼指出："炫耀这款手表和解释其运作方式所带给使用者的反思的喜悦，远远超出它带来的困难。"相反，卡西欧的 G-SHOCK 手表则注重行为层面的功能设计，实用、简单、多功能且价格低廉。

图1.12　"派"手表和G-SHOCK手表

4．市场

市场是产品形态设计甚至产品设计中最为复杂的一个要素。设计师往往从技术与艺术相结合的角度进行设计，却忽略了市场需求，从而导致产品设计根源上的失败。值得注意的是，产品形态设计中的市场因素是与用户自身、社会环境、技术等交叉因素不可分割的。

5．技术

技术是人类前进和发展的原动力，也是产品满足人的物质使用功能的重要推动力。自古以来，技术的进步都带来了产品的升级，如图 1.13 所示反映了技术进步带来的做饭工具和做饭方式的变化。200 多年前瓦特发明的蒸汽机推动了第一次工业革命，100 多年前的第二次工业革命则诞生了汽车、电灯、电话等革命性的新产品，使人类进入电气时代。第二次世界大战后，集成电路、计算机、互联网的出现，使人类进入信息时代。从产品设计的角度来讲，技术进步通过革命性的创造影响了人们的生产、生活；而从产品形态设计的角度来讲，技术进步改变了信息的呈现方式、问题的解决方式和微观上产品的表现形态。

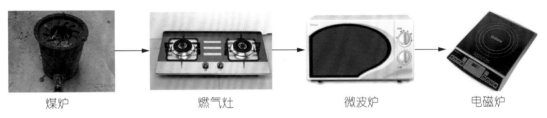

| 煤炉 | 燃气灶 | 微波炉 | 电磁炉 |

图1.13　技术进步对做饭工具和做饭方式的影响

6．功能

　　产品的功能与材料、结构、形式、技术等均有直接联系，此外，文化还影响了产品深层次的精神功能。产品功能尽管受多重因素影响，但形式等诸因素对产品功能的影响更取决于设计师的认识。产品的功能需要产品通过与环境的相互作用来发挥效用，如果脱离使用环境和用户需求进行功能设计，则产品形态可能会在某些方面失去意义。

　　如图 1.14 所示的是常见的塑料刀叉餐具套装和经过改良后的叉勺设计。塑料餐具套装常见于飞机餐餐盒中。免费供应的飞机餐要么是米饭要么是面条，三件套装中一件餐具即可满足基本的就餐要求，而三件套装设计尽管看上去易用，却造成了极大的资源浪费。经过改良设计的叉勺并不是一个非常适用于喝汤的器具，但作为飞机上一次性的简易就餐工具，可以满足特定环境下的用户需求，并且避免了资源浪费。这样的设计与技术无关，但却能真正体现产品形态设计和更深层面产品设计中绿色设计理念的要求。

图1.14　塑料套装餐具和叉勺一体餐具形态设计

本章习题

（1）分析三大构成（平面构成、立体构成和色彩构成）知识与产品形态设计课程的关系，从工业产品的商品属性角度阐述三大构成与产品形态设计的区别。

（2）通过网络检索信息，整理以精神层面为主进行形态设计的产品，并尝试对这些产品设计进行分析。

（3）以生活中使用的某种产品为例，分析其形态是如何满足实用性功能需求的。

（4）选择某类产品，分别从技术进步、生活环境变化、功能需求等角度分析其形态设计的演变过程。

第2章　产品形态语意的符号学基础

本章要求与目标

要求：理解语意学和产品语意学的基本概念；掌握产品形态语意和符号学的关系；了解符号学发展的四种模式；掌握设计符号的种类和特性；理解符号所具有的符形、符意和符用三种属性。

目标：能够认识到产品形态在功能、结构、文化等层面应该具有的象征特性；理解形态所呈现出的符号属性对用户认知的重要性；掌握形态符号"能指"和"所指"的含义；学会分析和运用不同类型的设计符号；理解和掌握形态符号的编码方法、内涵意义的传达及其在设计中的运用。

本章内容框架

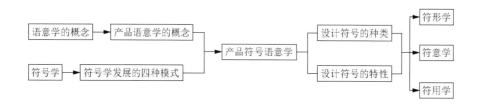

2.1　产品语意学

产品形态语意设计首先是产品设计，是针对产品形态的设计。从语意学的角度来看，产品具有符号的属性，产品形态语意设计是针对某一特定产品形态的语意设计。第 1 章简单介绍了产品设计和产品形态设计的基本概念，而进行产品形态语意设计的研究，需要进一步了解产品形态作为特定的符号所涉及的语意和产品语意学的概念。

2.1.1　语意学的概念

语意（Semantic）即语言的意义，是一个涉及语言学、逻辑学、计算机科学、自然语言处理、认知科学、心理学等诸多领域的术语。从语言学的角度来看，语意学的研究对象是自然语言的意义，这里的自然语言可以是词、短语（词组）、句子、篇章等不同级别的语言单位。在语言学中，语意学研究的目的在于找出语意表达的规律性、内在解释、不同语言在语意表达方面的个性及共性。

2.1.2　产品语意学的概念

依照语意学的概念，产品语意学（Product Semantics）的基本含义是研究产品语言意义的学问，这是 20 世纪 80 年代工业设计界兴起的一种设计思潮。

产品语意学理论架构的开端最早可以追溯到 20 世纪 50 年代德国乌尔姆造型大学提出的设计符号理论和更早由芝加哥新包豪斯学校的查理和莫里斯提出的记号论。产品语意学的概念于 1983 年由美国的克里彭多夫和德国的布特明确提出。1984 年，在美国克兰布鲁克艺术学院由美国工业设计协会（Industrial Designers Society of America，IDSA）所举办的"产品语意学研讨会"上，正式对产品语意学进行了定义：产品语意学乃是研究人造物的形态在使用情境中的象征特性，以及如何应用在工业设计上的学问。

产品语意学将作为人造物的产品形态设计引入语意研究的新范畴，将审美设计引入内涵和文化研究的新高度。现代产品设计是功能、结构、材料、形态、色彩的综合体，包含本能、行为和反思等不同层次，有"少即是多""以用户为中心""绿色设计"及早期的"艺术装饰风格""风格派""构成派"等不同流派。在进行产品设计时，目的、对象、用途决定了不同的设计维度。同样，产品语意学突破了传统设计理论将人的因素都归入人机工程学的简单做法，拓宽了人机工程学的范畴，突破了传统人机工程学更多考虑人的物理及生理机能的观念，使设计因素渗入人的心理和精神因素。

随着社会发展与进步，社会物质极大丰富，消费层次进一步细化，人们对产品的精神功能需求不断提高，产品满足人需要的层次越来越多元化，在产品造型功能性目的需求之外，产品形态语意层面的产品文化内涵设计必然会因设计目的和对象的差异而成为设计考虑的重要因素之一。

2.2 产品形态语意与符号学的关系

在产品形态语意研究中，与产品形态语意关系密切的一个概念是"符号学（Semiotics）"。语言学专家指出，单纯的自然语言层面的"语意学"与"符号学"并没有直接联系，但是以造型为基础的人造物的产品形态设计，以具象的"形"为对象，语意学层面的产品语言即有形的产品形态。从"符号"的角度研究具象存在的"形态"所具有的文化内涵或更广泛的功能意义，就将"语意学"和"符号学"有机地结合在一起，并衍生了"符号语意"的概念。

2.2.1 符号与符号学

符号（Symbol）是指一个社会全体成员共同约定的用来表示某种意义的记号或标记，一般来源于规定或者约定俗成。实际上，符号在西方学术界并没有一个确切的定义。很多符号学家认为，符号无法定义。在国内，赵毅衡教授对符号进行了较为清晰的定义：符号是被认为携带意义的感知；意义必须用符号才能表达，符号的用途是表达意义。对这一定义从反面来阐释就是：没有意义可以不用符号表达，也没有不表达意义的符号。赵毅衡对"符号"的定义是通过"符号"与"意义"的关系来进行解释的。

如果从"符号"与"意义"的关系对"符号"进行界定，那么从与产品形态设计相关的角度简化到从产品形态的文化内涵角度来进行分析，则可以理解为：一个产品形态的意义（以文化内涵为例）包括发出（表达文化内涵）与接收（解释文化内涵）这两个基本环节，而这两个环节必须通过符号来实现。因此，"符号"被称为"携带意义的感知"。如图 2.1 所示的是两组性别符号，左图中具象的裤装人像和裙装人像，携带了性别特征的意义，男女性别适合用这两个符号来表达，而这两个符号的目的也是表达性别的意义。符号的解释具有无限连续性，如在右图中，两个抽象的符号并非一开始就具有性别意义，而是经过长期的约定俗成，在看到这两个符号后，人们在意识中会将其转换为左图所示的具象的性别形象，从而使抽象的符号具有明确的意义。这就是符号意义的转换和延续，即一个符号可以被另外的符号解释。

图2.1　性别符号

符号学被定义为研究符号的学问。在国外，19 世纪末与皮尔斯一起建立符号学的英国女学者维尔比夫人建议将符号学称为 Sensifics 或 Significs，即有关 Sense 或 Significance 的学说，也即"表意学"；在国内，赵元任于 1926 年在《科学》杂志上发表的一篇题为《符号学大纲》的长文中首次提出"符号学"这一中文词，并提出"拿一切的符号当一种题目来研究它的种种性质跟用法的原则"；1993 年，赵毅衡将符号学定义为"关于意义活动的学说"。因此，从产品形态设计的角度探讨形态所具有的"符号"属性，就成为产品符号语意学的研究范畴。

2.2.2　产品符号语意

如前所述，"语意学"和"符号学"本来就是两个没有必然联系的概念，既然将符号学与语意学结合在一起，那么从语意学的角度通过产品形态具体的"形"来讨论形态作为符号所具有的意义，就有必要探讨产品符号语意的定义问题。

符号和语意研究涉及认识论、逻辑学、现象学、解释学和心理学等诸多因素。在产品形态设计具体的应用层面，很多学者将符号学研究的重心放在文化学上，实际上符号学的应用除了文化这一最大领域外，还研究认知活动、心理活动，并考虑由此带来的使用感受、功能体验等更广的范畴。

产品符号语意与语言学中研究"语意"和"符号"的最大不同在于，从符号的角度来看，产品形态属于非语言符号，研究形态符号的目的在于使形态能够传达信息，并具有一定的意义。当然，这里讲的"意义"不单指情感内涵和文化内涵，还可以是功能性的、结构性的意义，从这一角度来说，尽管符号语意研究侧重于内涵性，但并未脱离人-机关系太远。

产品符号语意研究的目的在于将产品设计的形态考量作为人造物的符号化载体，通过对其能够承载的内在和外在的情感化、功能化的内涵与外延进行规范性的归纳总结，为产品设计的物化提供可依据的设计理念。

产品符号语意的研究并未抛弃或剥离开人造物中人机需求的考量，而是将人机需求与产品的文化因素、情感因素进行有机结合。符号语意更多地涉及产品设计心理学的层面，并将更多感性的设计置于一个可供依存的理性范畴。

通过产品符号语意的研究，可以将产品形态设计中的点、线、面、体形态构成法则放在文化大背景下，使感性美学层面的形式美法则与形态符号所具有的内涵性文化因素相结合，从功能性、情感性、结构性、宜人性等更多的角度寻找设计的出发点和落脚点。而对产品符号语意的这些设计期待，需要从理解符号学的基本功能开始。

2.3 符号学理论基础

产品符号语意以产品语意研究为出发点，但其核心却是产品形态的符号学塑造。

图2.2 功能主义设计——瑞士军刀

图2.3 老戏匣子——1959年产德国根德收音机

在20世纪20年代，设计领域形成和出现了现代主义设计流派，其主张设计要适应现代大工业生产和生活需要，以追求设计功能、技术和经济效益为基本特征，最为重要的理念便是功能主义。功能主义的核心是功能至上，强调"形式服从功能"，主张在设计中注重产品的功能性与实用性（图2.2），即任何设计都必须保障产品功能及其用途的充分体现，其次才是产品的审美感觉。

到了20世纪60年代，随着电子信息技术的发展，出现大量新的微电子产品（图2.3），更多的电子类产品设计使用户难以搞清产品到底是怎么一回事。这些产品的功能不能通过其外形表现出来，形式美的设计概念失去了意义，产品的设计更像一个"黑匣子"、一个"黑箱"。面对这样的问题，传统功能主义的设计思想遭遇困惑。设计师在设计这些产品和用户在使用这些产品时，无法从产品的外部形式来了解产品的内部功能。因此，"形式追随功能"的设计观受到挑战。在这样的背景下，出现了"形式服从美学""形式服从成本"等新的理论。

在"形式追随功能"之后,新设计理论的潜在思想仍然置身于"形式美"的大框架之下,用形式美的方法无法使人"看透"电子产品的功能,也无法设计电子产品外观的可操作性,功能主义和形式美的设计思想对这些产品来说已经失去了意义。后来,人们才明白电子产品外观设计的关键是:应当通过其外形设计,使电子产品"透明",使人能够看到它内部的功能和工作状态,使它能够与用户进行交流。为此必须寻找新的设计理论基础,在这种时代背景下,便产生了源自语言符号学理论的产品符号学。

产品符号语意学认为,设计师应当尽量了解用户使用产品时的视觉理解过程,将产品内部的功能表现到外观上。例如,怎么使用户通过外形理解电子产品的功能?怎么了解产品的工作状态?用户怎么进行尝试?怎么观察它的反应?

2.3.1　符号学发展的四种模式

语言学上的符号学源于胡塞尔的现象学、索绪尔的结构主义和皮尔斯的实用主义,在 20 世纪 60 年代以后由法国和意大利为中心兴起并传播至欧洲各国。索绪尔和皮尔斯被认为是现代符号学的创始人。

赵毅衡将现代符号学归结为四种模式和三个阶段。其中,符号学的四种模式分别是:索绪尔模式、皮尔斯模式、卡西尔模式和巴赫金模式。

1. 索绪尔模式

现代语言学之父费尔迪南·德·索绪尔（1857—1913 年）是瑞士作家、语言学家,结构主义的创始人和现代语言学理论的奠基者。

索绪尔的结构主义,从研究语言的系统(结构)出发,把言语活动分为"语言(Langue)"和"言语(Parole)"两部分。索绪尔认为,语言是言语活动中的社会部分,它不受个人意志的支配,是社会成员共有的一种社会心理现象。言语是言语活动中受个人意志支配的部分,它带有个人发音、用词、造句的特点。

索绪尔将语言分为内部要素和外部要素,即内部语言学和外部语言学。内部语言学研究语言本身的结构系统,外部语言学研究语言与民族、文化、地理、历史等方面的关系。两者分别对应了语言符号的能指（Expression）和所指（Content）,即"索绪尔二元论"。

索绪尔认为语言符号的能指和所指是语言的一体两面,能指即语言的音响形象（物质性的声音）,所指即语言的概念（心理性的映射对象）。如图 2.4 所示说明了"男人"这个词语作为语言符号所具有的能指和所指属性。

图2.4 语言符号"男人"的能指和所指

产品形态符号语意学中直接转化了索绪尔符号学能指和所指的概念，将自然语言转换为图形语言和形态语言。从形态的角度来说，能指指产品固有的外在形式，所指指产

图2.5 阿莱西水壶（迈克尔·格雷夫斯设计）

品特有形态所包含的各种意义。如图2.5所示的是意大利著名家居设计公司阿莱西设计的水壶，立在壶嘴的小鸟保护使用者不受沸水的伤害。当壶里的水烧开时，藏在小鸟翅膀里的橡胶口哨会发出声音，就像小鸟在唱歌，平添了一份生动趣味。在这一形态设计中，小鸟壶嘴所具有的"能指"是小鸟的形象，"所指"是小鸟欢快的鸣叫声及由此传递的水被烧开的信息。

在产品形态设计中，产品的能指属性是由其构成、形态、色彩、肌理、装饰、声音等要素来决定的，表现为对人的视觉、听觉、触觉等的生理刺激，是产品的外在表征和可感的物质形式；产品形态符号的所指属性是人们对产品属性的理解，人们通过感官刺激形成对形态要素的心理概念及印象，产生特定的形态语意。人们对产品形态的理解和把握可以是直觉的，也可以是经验、情感联想或思考的结果，因此，对用户对象身份（如民族、性别、年龄、文化层次、教育程度、个人喜好等）的研究对产品形态设计有着重要影响。

法国社会评论家及文学评论家巴尔特对索绪尔的"能指"和"所指"做了进一步阐释和延伸，他总结出四点：第一，能指和所指都是人创造的；第二，能指和所指之间的关系是任意的；第三，语言能创造所指，在能指和所指默认一致的前提下，能指可以结合任意的所指，也就是可以给能指赋予任意的所指；第四，能指和所指必定是一一对应的。

2. 皮尔斯模式

查尔斯·桑德斯·皮尔斯（1839—1914年）是美国哲学家、逻辑学家，符号学最主要的创始人之一。皮尔斯对符号学理论的重要贡献在于在"能指"和"所指"二元基础上增加了"解释项"，构成了"皮尔斯三元论"模型。皮尔斯将符号分解为"符号本身""对象"和"解释项"（图2.6），他认为，一个符号只有能被解释为符号才能成为符号，因此，每个符号必须能够表达一个解释项。解释项可以被理解为符号在每一个符号使用者心中能引发的一种动态的、连续的思想。

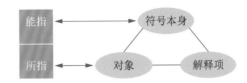

图2.6　索绪尔二元论与皮尔斯三元论的对应关系

　　根据皮尔斯三元论，符号的指称或表征对象是人为指定的，具有约定俗成的效用。任何一个符号不能单独存在，而必须与其他符号关联存在组成符号系统，通过相互符号的关联形成符号解释，解释可以无限地进行下去，使符号系统无限地扩大。徐恒醇在《设计美学》中指出："符号的三个构成要素涉及人的思维的不同层次。媒介（符号本身）是一种自身的独立存在，它涉及人的知觉和感觉；对象涉及人的经验，例如，对两种知觉的比较，依存于一定的地点和时间；解释涉及事物的关系和人的思考活动。"解释项给符号带来了很大的作用，尤其对于有歧义的符号，正是由于解释的不同，传递了不同的语意。比如说"ATM"是一个缩略语，在不同的语境中可以表示"自动柜员机（Automatic Teller Machine）""异步传输模式（Asynchronous Transfer Mode）""空中交通管理（Air Traffic Management）"等。不同的情景存在不同的解释，只有解释项正确，才能传递正确信息。在设计领域同样存在类似的问题，如图2.7所示，左图是交通银行LOGO设计，运用正负形手法将交通银行（Bank of Communications）的英文名称首字母组合为标志图形。非常有趣的是，脑洞大开、想象力丰富的网友将交通银行LOGO的图案延伸为卫生纸卷，并将这一充满想象的图形解释为"视金钱为粪土"。我们可以将这一网络恶搞看作一个笑话，但反过来想，这也说明了解释项在符号中的作用是非常重要的。

图2.7　交通银行LOGO和网友恶搞图

3．卡西尔模式

　　卡西尔（1874—1945年）是德国哲学家、文化哲学创始人，建立了一种象征哲学。作为普遍的"文化语法"，他认为人是符号的动物，文化是符号的形式，人类活动本质上是一种"符号"或"象征"活动，在此过程中，人建立起人之为人的"主体性"（符号功能），并构成一个文化世界。语言、神话、宗教、艺术、科学和历史都是符号活动的组成和生成，都是人类种种经验的总结，并趋向一个共同的目标——塑造"文化人"。同语言一样，艺术是从人类最原始经验的符号化——神话中分离出来的独立的符号形式。艺术同其他的符号形式一样，也是人的一种行为方式和把握世界的方式，其独特性在于它是对自然和生活的发现，是对自然和生活所做出的新的探讨和解释。美的形式是一种自由主动性的产物。由于每一件艺术品都是一种生命的形式，都有一个直观的结构，意味着一种理性的品格，所以艺术品应该具有"审美的普遍性"。卡西尔强调艺术是生命形式的符号化表达。

卡西尔的理论后来被美国哲学家、符号论美学家苏珊·朗格（1895—1982 年）发挥，从而形成了 20 世纪较有影响的一个美学流派——象征符号美学。苏珊·朗格把符号分为推理的符号（即语言符号）和表象的符号（即非语言的符号），并进一步发展了非语言的符号论——将艺术视为具有表象形式的独立符号（即表现情感意义的符号）。苏珊·朗格区分了"表现"和"自我表现"，认为"艺术是人类情感的符号形式的创造"，强调艺术表现的是人类情感而非艺术家个人情感的发泄。如图 2.8 所示人面鱼纹彩陶盆作为古代

先民使用的生活器皿，其中的人面鱼纹符号具有鲜明的文化性，画面内容被解读为"巫师衔鱼作法"，反映了在当时原始的社会环境中，一方面先民希望能够捕获更多的鱼作为食物，另一方面希望自身能够像鱼类一样具有强大的繁衍能力，生生不息。正是因为人作为符号的主体，并将其放在文化的语境中，才能得到这样的文化解读，使人面鱼纹彩陶盆具有更深的文化内涵。

图2.8　西安半坡遗址出土的人面鱼纹彩陶盆

在产品符号语意研究方面，很多学者介绍和归纳了"二元论"和"三元论"作为方法论在产品形态设计中的应用意义。尽管卡西尔学派不太关注符号学作为方法论的可操作性，但以卡西尔为代表、以苏珊·朗格为集大成者的"文化符号论"对于文化来说显得异常重要。苏珊·朗格提出"艺术表现作为人类情感而非艺术家个人情感发泄"的观点，对于产品符号形态的塑造而言，即在符号表达中对文化及人类情感的塑造。符号美学理论将艺术作为符号，作为一种逻辑形式、生命形式，强调了情感与形式的统一关系。

在产品形态塑造与审美中，产品形态本身作为符号承载了文化性。人作为文化识别的主体，与动物的根本区别在于，动物只能对信号做出条件反射，而人可以把信号识别成有意义的符号，并可以从中识别和体验科学、艺术、神话等不同符号形式的文化内容。产品形态的形式美与艺术本性密切关联，如产品的形态美凭借视觉上的形式美（如色彩美、光线美、线条美、质地美、结构美等）给人以美的享受。

4．巴赫金模式

巴赫金（1895—1975 年）是苏联时期著名文艺学家、文艺理论家、批评家、符号学家，他是苏联结构主义符号学的代表人物之一，其理论对文艺学、民俗学、人类学、心理学都产生了巨大影响。

在语言符号研究领域，巴赫金更关心语言背后的语意空间，他应用马克思的意识形态理论把语言作为有具体语境和社会环境背景的一种实践。在对艺术形式的研究中，巴赫金始终将它们纳入历史和社会诗学的范畴。巴赫金开创了从形式研究文化的传统，有人称之为"语言中心马克思主义"。在 20 世纪六七十年代，以洛特曼、伊凡诺夫等人为首创立的莫斯科—卡尔图学派发扬光大了巴赫金的学说，坚持用符号学研究社会和文化，尤其是他们的"符号场"理论，从大处着眼研究文化，摆脱了形式论常有的琐碎。但在产品形态符号语意的研究与设计应用方面，他们则对巴赫金模式很少涉及。

上述四种模式都对现代符号学理论的完善和发展做出了重要贡献。总体而言，符号学从 20 世纪上半期开始，进入模式的发展奠定和解释阶段；在 20 世纪六七十年代，索绪尔的符号学直接发展为结构主义，作为一种理论正式建立；从 20 世纪 70 年代开始，皮尔斯的开放模式取代索绪尔模式，结构主义突破为后结构主义，同时巴赫金等人的思想也为符号学增添了新的活力因素。符号学经过四种模式、三个阶段的发展，其影响力在哲学的范畴从语言学影响到文化学、艺术学、设计学，并提供了理论与设计方法的支撑。

2.3.2　从符号学到设计符号学

设计符号学是以符号学为基础，将符号学与语意学相融合，以工业设计、产品设计为应用目标对象，将语言符号学与设计美学相互交叉形成一个新兴的边缘学科。尽管产品语意的概念和运用出现较早，也应用了符号学的相关理论，但相关的论著较少。徐恒醇的著作《设计符号学》从人文知识背景出发，对语言符号学、广义符号学和艺术符号论做了较为系统的梳理和分析，归纳了相关设计领域的符号学、美学的研究成果，从语构学、语意学和语用学的不同层次对产品设计、环境设计和视觉传达设计中的造型语言进行了阐释，探讨了功能与意义的关联、设计创意的构思方式和产品的意义。

设计符号学将设计作为符号的研究内容，除了徐恒醇提到的产品设计、环境设计、视觉传达设计中的造型语言作为符号对象之外，构成产品的要素，如结构、功能、形态、材料、色彩、肌理等都包含文化知识、人文因素，并作为符号通过自身的特有形式代表着特定的含义。无论是索绪尔的二元论、皮尔斯的三元论，还是苏珊·朗格从卡西尔发展而来的"情感与形式的统一"，这些符号学的基本理论都对产品设计要素的应用及产品终极形态的设计有着重要的指导意义。因此，设计符号学，尤其是狭义的产品设计符号学，可以分成如图 2.9 所示的子类。尽管本书以形态语意为研究主体，但需要说明的是，这里的形态是指广义的形态，是由功能、结构、形态、色彩等综合要素决定的形态，是具有人文关怀和文化内涵的产品形态设计，是通过产品符号进行的产品形态语意传达设计。

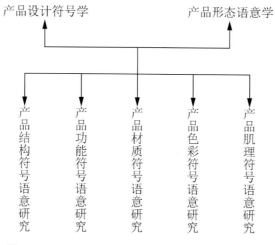

图2.9　设计符号学关系图

2.3.3　设计符号的种类

索绪尔从语言学研究的角度将符号分为语言符号和非语言符号，皮尔斯则根据能指和所指的关系将符号分为像似符号、指示符号和规约符号三类。在设计符号的研究和运用中，一般采用皮尔斯的符号分类方法探讨设计符号问题，需要说明的是，在有关设计符号的论著中多数采用了图像符号、指示符号和象征符号的概念。其实，从概念解释上来看，似乎像似、指示和规约的译法更为准确。

1．像似符号

像似符号（Icon）是指从符号与对象的关系上来看，尤其作为设计时，以具象的形、色、质构成有形的符号。像似符号指向对象靠的是"像似性（Iconicity）"，即"一个符号代替另一个东西，因为与之相似（Resemblance）"。赵毅衡指出："任何感知都有作用于感官的形状，因此任何感知都可以找出与另一物的像似之处。"也就是说，任何感知都是一个潜在的像似符号。

在设计领域，LOGO（Logotype，标志、徽标）设计作为最常见的平面设计符号，是像似符号应用最多的形式之一。它通过形似直观地传达出目标对象，通过视觉化的图形信息表达方式，将特定含义归纳到简洁、明确且能够使人理解的视觉图形之中，使之具有较高识别性和内涵性。如图 2.10 所示的两个咖啡店的标识设计，左图采用黑白两色并以咖啡壶、咖啡豆和咖啡杯的三种元素组合，作为像似图形在三种元素的相互影响、相互提醒下构成了咖啡的主题；右图小猫头鹰咖啡的巧妙之处在于，一对咖啡杯与一根调羹构成了意象的小猫头鹰图案，神似、简洁、生动，配合文字构成了小猫头鹰咖啡的识别形象。

图2.10　咖啡店标识设计

　　皮尔斯的符号学理论将像似符号归结为符号的第一步，其本质是比拟模仿。像似符号简单直接，符号与对象的关系不言而喻，对于功能指示性强的产品来说是非常有意义的。对于像似符号来说，明了、直接对于设计信息的传达是最为重要的，也是保证信息传达效度的前提。如图 2.11 所示的厕所标识，左右两个标识均采用了像似符号，以男女性别对象的普遍着装规律为像似依据，着裤装者代表男性，着裙装者代表女性。左图更为直接，即使没有"M（Man）"和"W（Woman）"的指代字母，也很容易看懂；而右图从设计的角度来看更有设计感，运用了化学仪器中的漏斗和烧杯形象，漏斗上宽下窄引申为裤装，烧杯上窄下宽引申为裙装，本质上还是像似符号。然而，比较这两个设计，尤其是在使用者内急的特定情景下，左图符号设计的实用性明显要优于右图的实用性。因此，尽管右图具有更强的设计感，但未必是最好的设计。这也反映了现代设计中一个极为普遍的现象，即设计师或者专业人士认为好的设计或产品，不一定能够得到市场和用户的认可。可见，设计本质的核心还是用户需求与用户认知的问题。

图2.11　厕所标识

　　设计领域的像似符号，尤其是产品设计领域的像似符号，从产品形态设计的角度来讲，不一定是单纯的模仿，还可以是从具体到抽象的美的创造。美国哲学家查尔斯·莫里斯（1901—1979 年）对皮尔斯的像似符号定义进行了改进，认为像似符号与对象之间是"分享某种性质"，即像似符号与对象可以只是部分像似，反映在产品形态设计上则是对某些设计核心要素的提取和再创造的设计创新过程。如图2.12所示的法国迪奥真我香水瓶设计，从符号学的角度分析，采用了像似符号设计法则，但其整体形态神似而非形似，体现了优雅、美感的少女韵味。在这一设计中，法国时装设计师克丽斯汀·迪奥将裙装的设计移植到迪奥香水瓶身设计上，这款迪奥少女系列香水瓶身的魅力在于，瓶身宛如女性身体优美的曲线，细颈圆瓶，颈部有金黄色的"马赛族颈环"，以玻璃为材料，以金色为主色，刚毅中不失柔魅，性感间足见精致，整体以风情万种的女性为摹本，设计抽象且耐看。

图2.12　迪奥真我香水瓶设计

从具象到抽象，像似符号具有很宽的幅度，像似关系脱离了单纯的模仿，有一种"符号创造对象，对象模仿符号"的感觉。

2．指示符号

皮尔斯说："指示符号（Index）是在物理上与对象联系，构成有机的一对。"从能指的角度讲，指示符号具有指向性；从所指的角度讲，指示符号与对象之间是一种物理关联关系。如图2.13所示，在公共空间导视设计中，指向性设计是最典型的指示符号。在产品设计中，指示符号也是常见的设计元素，可以通过物理关联告诉使用者基本的操作方法，是具有功能性的符号设计。

指示符号中的指示性是指符号与指示对象之间具有一定的内在关联，可以是与指示对象之间有动力性的联系，也可以是与把它当作符号的人的感觉与记忆存在的

图2.13　公共空间导视设计

联系。指示符号可以将解释引到它所指示的每一个对象的经验之中。如图 2.14 所示的是音视频监控设备的六维控制键盘设计，在键盘上控制按键通过符号表示功能，而其中的符号除了文字符号外，还有快倒、快进等图形符号。比如"▶"（前进）符号，就具有动力指向性；而右端的操纵杆，其万向操作形式在使用者的记忆中就是方向控制的基本方式，操纵杆上部的防滑纹设计也具有旋转的指示性。

图2.14　六维控制键盘设计

　　根据皮尔斯的理论，指示符号的指示性可以分为因果指示性、邻近指示性和等级指示性三种。如图 2.13 公共空间导视设计中的指示符号的指示性属于空间邻近，除此之外还有时间邻近（如播放控制界面的按键符号设计）和心理邻近。而图 2.14 中操纵杆的万向和旋钮设计属于因果指示。等级指示在中国古代设计中最为常见，是奴隶制和封建制社会中等级制度最直观的设计表现，如图 2.15 所示的中国古代建筑的屋顶装饰设计。在隋唐时期，建筑上还未发现走兽，到宋代才出现走兽，到清代建筑上的走兽在文化内涵和艺术形式上都发展到了最为完善的程度。清代《工部工程做法则例》中规定，走兽应为单数，最多安置 11 个。在等级较高的琉璃瓦岔脊上，在走兽最前端的是仙人，仙人骑在凤背上。在宋辽金时代，仙人的位置上是嫔伽或力士。仙人脸上有三鬈长髯，相传是春秋时期齐国国君齐湣王，由于昏庸无道便被放在屋角的顶端，如再前行就会跌下地，寓有"悬崖勒马""走投无路"的警戒之意。仙人身后的走兽依次为一龙、二凤、三狮子、四天马、五海马、六麒麟（或狻猊）、七狎鱼、八獬豸、九吼（或斗牛）、十行什。走兽的数量规定必须是单数，骑凤仙人除外，最多九个。走兽随宫殿等级的降低而递减，从行什依次往前减少。但故宫太和殿是唯一例外，多增加一个行什，共有十个飞禽走兽，是十全十美、至高无上的尊贵象征。

　　此外，在现代设计中，等级指示符号设计的核心在于可区分性，如危险等级设定、军衔等级设定（图 2.16）、经济信用等级设定、防爆等级设定等。

图2.15　中国古代建筑屋脊上的吻兽设计

少校				
中校				
上校				
大校				
少将				
中将				
上将				

图2.16　中国人民解放军将官及校官军衔肩章

3．规约符号

皮尔斯在定义规约符号（Symbol）时指出："它借助法则（常常是一种一般观念的联想）去指示它的对象，而这种法则使得这个规约符被解释为它可以去指示那个对象。"规约符号取决于其解释者的约定、习惯或生性，换而言之，我们可以说规约符号是一种具有象征性的、内涵性的文化符号，解释者需要规约来确认符号与意义的关系，比如在我国，龙、黄色代表权力、地位和尊严。规约是一种观念的、情感的、看不见的事物，而这正是现代设计中通过形式的手段所赋予产品的更深层次文化内涵的基础和前提，属于产品设计中精神层面的内容。

在产品设计中，并非只有现代设计师才重视产品的文化性、象征性，我国作为具有几千年历史的文明古国，在很早以前就已经在产品中注重体现这种文化性。如图2.17所示的是日本东京国立博物馆收藏的中国古代旋涡鱼纹陶盆，其中的装饰图案所使用的鱼和旋涡纹就是一种生命的、生生不息、连绵不绝的文化象征符号，这正是规约在现实设计中的有机体现。

图2.17 中国古代旋涡鱼纹陶盆

规约符号不同于单纯的形象相似或邻近性，而是一种思想及文化认同的规约和法则，是人们思想的统一和意识规则的确立。正是有了这些富有文化性的规约符号，才有了更深的精神层次的等级观念、身份认同、自我尊重和自我价值体现的可能。如图2.18所示是中国汉代博山形熏炉和陶奁造型设计，从不同的"博山"造型的形制与用材、配色中可以反映出中国传统文化中深厚的皇权思想和等级思想，而这些思想的体现是形制上的规则约束所带来的。左图中鎏金竹银节熏炉于1981年从陕西省兴平市茂陵东侧葬坑出土，原在未央宫，建元五年（公元前136年），汉武帝将其赏赐给阳信长公主。熏炉为博山形，通高58cm，口径9cm，重2.57kg，青铜质地，通体鎏金鎏银，底座上透雕的两条蟠龙昂首张口咬住竹柄，柄的上端有三条蟠龙将熏炉托起，炉体上部浮雕四条金龙，龙首回顾，龙身从波涛中腾出，合计有九条金龙。"九"在我国古代象征最高数字，是皇权的一种体现。竹节形的柄共分五节，合为"九五至尊"的形制。中图为博山形熏炉，采用青铜材质，供贵族使用，以大雁代替龙的造型，其规制明显低于鎏金竹银节熏炉。右图为绿釉博山形陶奁，整体造型以圆桶形为主，平底敞口，奁的通体施绿釉，底部以三兽足为支撑，奁的盖子用堆塑的方法塑造博山形，山峦起伏，与通体器身形成上下相合的子母口。博山形陶奁虽然在文化上遵循了追求长生不老的仙道思想，但其规制用材最为普通，为普通百姓之家日常用品。

图2.18 中国汉代博山形熏炉和陶奁造型设计

像似符号、指示符号和规约符号之间存在一定的递进关系。像似符号的符号与对象之间存在较大的交集，解释项的需求较低；指示符号的符号与对象之间是基于相关性的特征；规约符号的符号与对象之间距离较远，是一种较为自由、独立的关系，最需要解释项来解释其内涵。在实际的设计运用中，某一特定的形态、色彩、质地，有可能是一种、两种或三种符号的有机结合体。

2.3.4　设计符号的特性

从符号化的角度研究产品设计，就是将产品从冰冷的人造物、从单纯的物质功能实现者到情感化功能产品的转化过程。正如图 2.17 所示的中国古代造物，产品从来就不是以简单冰冷的物质功能承载为设计目标的，只是随着机械化大工业生产的发展，在特定的发展阶段产生了"形式追随功能"等不同的设计思想。随着社会的进步，现代设计将产品、系统、服务、体验作为终极目标，正如现代主义精神所体现出来的注重形式与风格、具象转向抽象、表现超过再现、创造高于审美四个方面一样，设计的形态化是功能、结构、形式、色彩、材料、肌理等的有机融合体，是注重精神与物质、艺术与技术、个体与系统的有机结合设计。设计的形态化在很大程度上带有符号化的色彩，符号化视野下的产品形态设计就需要考虑形态设计的各个要素，并把握和运用设计符号的特性，使之符合设计的目的和要求。

设计符号研究起源于语言学的符号研究，但又不同于语言学的符号研究，有形的造物符号有其自身的设计符号特性。如图 2.19 所示，设计符号是由产品设计对象的构成要素决定的，如果将产品作为一个形态符号来理解和分析，那么产品形态符号具有功能、结构、形式、色彩、材料、肌理等不同子符号。

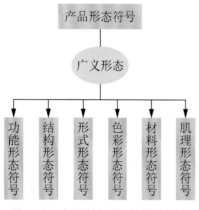

图2.19　产品形态设计符号的构成

从符号学的角度而言，设计符号具有普遍符号的意义，即信息传递，但同时也具有自身作为设计服务手段所具有的特殊属性。产品设计中设计符号形成及信息编码过程如图 2.20 所示。从图中可以看出，产品形态设计过程是一个设计符号的编码形成过程，与之对应的是用户在面对产品时的产品信息解码过程。好的产品形态设计应该尽量避免在商品化过程中不匹配现象的出现，这就对设计符号的运用提出了相应的要求，正是这些要求决定了产品符号的相关特性。

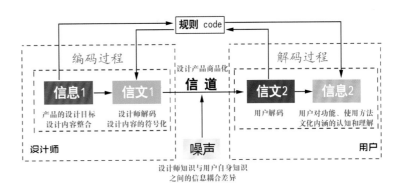

图2.20 产品设计中设计符号形成及信息编码过程

1. 设计符号的理解性

　　设计符号的理解性，也可称为设计符号的感知性、认知性。感知即通过感官对物体获得有意义的印象，是客观事物在人脑中得到直观反映。认知即认识，指人认识外界事物的过程，是对作用于人的感觉器官的外界事物进行信息加工的过程。人的认知是一个心理学过程，包括感觉、知觉、记忆、思维、想象、言语，是个体对感觉信号接收、检测、转换、简约、合成、编码、储存、提取、重建、概念形成、判断和问题解决的信息加工处理过程。设计符号具有的理解特性可以使人通过感知、认知对目标产品形成相对应的理解，包括使用方法、方式、文化内涵、目的意义等全面的理解。

　　在图 2.20 中，设计师的编码和用户的解码是一个认知耦合过程，从设计信息的获得、编码、存储、提取和使用都需要设计师和用户两者之间的匹配等。简而言之，设计师运用的设计符号首先要有可理解性，能够被用户正确解码，获得预定的、设计师想要传达的设计信息，满足产品使用的需求。如图 2.21 和图 2.22 所示的是色彩符号在编码中考虑用户解码的典型例子。在图 2.21 中，监护仪上数据线缆的接口运用了橙色、绿色、紫色等不同的色彩符号，可以使用户简单地完成数据线的接插。实际上这样的设计在图 2.22 中很早就有了应用，在上一代电脑主板设计中，键盘和鼠标接口采用 PS/2 标准，且两个接口是非兼容性的。主板上的色彩符号设计可以使用户（非计算机专业人士）在接插外部设备时能够根据色彩编码简单进行区分，这种编码形式具有极强的理解性。

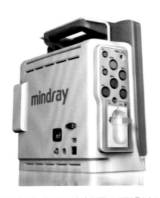

图2.21 监护仪（深圳嘉兰图公司设计）

PS/2鼠标接口

PS/2键盘接口

网卡接口

声卡接口

USB接口　串行接口　并行接口　USB接口

图2.22　电脑主板

　　从设计符号的角度而言，可理解性对于产品使用方式的信息传递具有重要的作用，很多不良设计往往是因为没有注重通过设计符号来对产品结构进行足够的说明而形成的。如图2.23所示的是一个信息传递不足的典型例子，图中显示的是福特蒙迪欧汽车的

图2.23　蒙迪欧汽车发动机舱内部布局设计

发动机舱内部布局，箭头指向蓄电池部位。汽车蓄电池是有使用寿命的，而蒙迪欧汽车的蓄电池塑料罩并没有标示其拆卸方式，甚至连电瓶零售店的专业人员也不知道如何拆卸。实际上，一个好的设计不应该是专业人员通过培训才能正确操作的，而应该是通过相应的结构符号或相关的图形说明符号的使用，让使用者可以较为容易地操作。

2. 设计符号的功能性

　　从语言学的角度而言，符号具有指代功能、表意功能、自律功能、显示功能、认识功能和交流功能。实际上，可以按照语言学的符号功能来分析设计符号的功能性，指代功能、交流功能、表意功能可以是文化、精神层面的功能，自律功能、显示功能、认识功能可以是设计符号所具有的物质功能，比如说设计符号的可理解性即是其认识功能的表现。当然，设计符号的指代功能、表意功能、自律功能、显示功能、认识功能和交流功能对于产品设计而言，有可能已经将物质功能和精神功能有机地融合到一起。

　　如图2.24所示的是VAM手链闹钟设计。闹钟给人的认知是通过吵闹的铃声把人叫醒，而这一款手链闹钟与传统闹钟的区别正在于"闹"这一设计符号的变化。从感知的角度来看，人的感知觉包括视、听、触、味、嗅五种。传统的闹钟叫醒采用"听"的方式，而当与他人共处一室时，对于约定不同起床时间的人来说，某个人设置声音的方式就可能影响到别人。就像走进房间采用拍打、推动身体的方式把人叫醒一样，采用"触"的

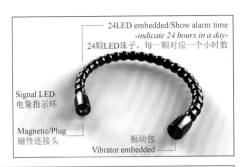
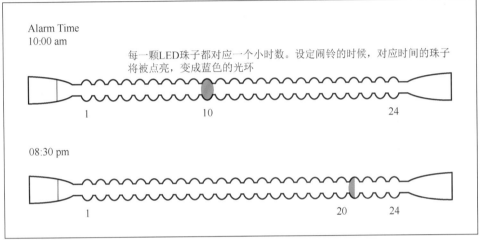
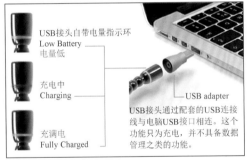

图2.24　VAM手链闹钟（Yi-Hong Chou 设计）

感知方式，就改变了产品功能的实现手段。类似的设计问题思考也是现代产品创新设计重要的设计方向之一。从设计符号的角度进行分析，手链的 24 颗珠子代表 24 小时的划分，具有指代功能；设定时间到达后相应变为蓝色显示的珠子实现了作为设计符号的显示功能；手链接口处的两个磁性端，一个通过 USB 接口进行数据设定，另一个通过振动达到叫醒目的，体现了设计符号的交流功能。因此，一个优秀的产品设计创意，其产品形态的设计是由功能引起的技术原理的构造的变化，进而促使特定结构需求下的形态的出现，这已经脱离了原始意义上点、线、面的形体构成概念，其形态美是由技术美所带来的。与 VAM 手链闹钟类似的设计是 2008 年 iF 设计奖获奖作品——Ring 指环闹钟，如图 2.25 所示。它是一个专门为作息时间不一样的夫妻或聋哑人设计的闹钟，指环可以分别套在两个人的指尖上，当到达预设的闹醒时间后，闹钟并不会发出尖锐的叫声吵醒所有人，而是通过指环的振动刺激把应该起床的那个人唤醒。这个设计作品与 VAM 手链闹钟采用了相同的设计理念，通过改变信息编码的形式（由听觉刺激改为触觉刺激），不仅解决了信息互相干扰的问题，而且可以适应不同的人群（比如说听觉刺激无法对聋哑人起作用）。

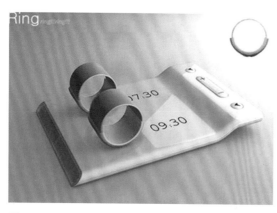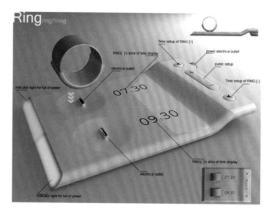

图2.25　Ring指环闹钟（孟凡迪 设计）

设计符号的功能性是产品设计的最基本特性，尤其是对于作为解决日常生产、生活问题的产品设计来说，使用的物质功能与人文关怀层面的精神功能设计要求产品形态设计在符号选择上，需要从用户需求、用户体验的角度进行深入的研究。

3．设计符号的文化性

产品形态的文化因素为产品带来了反思层面的设计价值。同样，产品设计文化层面的特征对设计符号的文化性有着较高的要求。与物质功能不同的是，文化性与理解、认知密切相关，能够给用户带来心理共鸣、文化认同；文化性也与地域性、民族性等因素有密切相关，是在深入了解设计目标和设计对象的前提下进行符号设计的创造过程。

如图 2.26 所示的是中国人民银行的标志设计。中国人民银行作为我国的国家中央银行，是国家金融的体现，该标志集中反映了中国、人民、金融三个层次的文化内涵。标志以我国古代春秋战国时期流行的布币与汉字"人"字形象为基本造型元素，古钱币代表金融，中国的古钱币代表中国金融，以中国红为主色；该标志采用正负形的设计手法，其基本形与中间的负形均为"人"字形，布币也为"人"字形，三个布币构成稳定、向心式的三角形，形成一种扩张的动感和稳定发展的态势。而在中国传统文化中，"一生二，二生三，三生万物"（《道德经》第四十二章），三在中国数字中代表全部，三个人字图案就代表了所有人，暗含"人民"的意思。

图2.26　中国人民银行标志（陈汉民 设计）

该标志整体地表达了中国人民银行以人为本的基本属性，凸显出中国人民银行所具有的凝聚力、严谨性与权威性。整个标志显示出了极强的文化属性，这也是设计符号的一个重要特性。

在产品设计中，设计符号表现出来的文化性不一定都是功能性的，还可以是趣味性的，为产品带来更高的文化附加值，凸显出文化卖点。如图2.27所示，在创意儿童被单设计中，被单印上了逼真、写实的宇航服图案，当儿童晚上钻进被窝睡觉时，就可以想象自己化身为宇航员。这种炫酷逼真的3D印制效果，可以从小培养儿童的航天梦想。类似设计符号的运用，可以使文化创意设计极具趣味性。

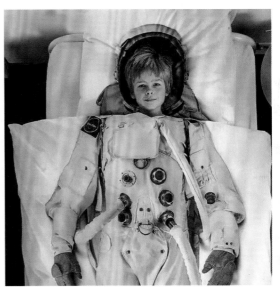

图2.27　创意儿童被单设计

4．设计符号的约定性

设计符号的约定性也称制度性，是指即使是任意性的图形、语言甚至思想观念，一旦符号化后，作为被赋予确定性的符号对象就会成为社会历史和社会环境的一部分，就无法再任意地被改变或很难被轻易否定和改变。设计符号的约定性是符号交流功能的保障基础，每一个符号在特定历史背景下具有自身内涵的约定，而且被符号使用者所熟悉，成为社会文化的一部分。

对于抽象的设计符号而言，其约定性尤为重要。像似符号的指代关系依靠其自身的相似特性，指示符号依靠能指和所指的邻近性，而规约（抽象）符号则依靠法则、约定，是一种制度性的由特定的规则完成对符号解释。如图2.28所示的是世界不同国家的法定货币符号。货币符号是规定性的，在使用中是非互换性、非任意性的，必须依照规则来使用。

图2.28　世界不同国家的货币符号

　　设计符号的约定性由三种因素决定，即人的因素、环境的因素和生活方式的因素。人的因素是指设计符号的约定来自人的审美观念、自身的生理及心理需要、人的行为方式的约定。环境的因素是指设计符号的积淀过程受到环境的影响，如建筑形式中的吊脚楼、窑洞、蒙古包等设计形态的出现是自然环境中形式选择的结果。生活方式的因素则是人、社会、环境因素综合作用的结果，比如说综合因素造成的东西方文化差异，带来了不同的社会生活方式，因此东西方在设计观念上就自然存在较大的差别，表现为不同的设计符号。而这些设计符号尽管存在各种各样的差异，但都必须保持其约定性，从而保证社会的正常运行。

2.4　符形、符意和符用

符号学作为一门学问是极其复杂的。莫里斯认为符号过程涉及三个基本方面：符号体系（S）、使用者集群（U）和世界（W），三者之间相互作用就组合成了不同的内容（图2.29）。《符号学理论》论述了符形学、符意学、符用学、实践学、社会学和物理学，并将这六门学科组成"文化的静力学和动力学"。有学者认为后三者与符号无关，但是前三者对于符号学的发展和应用起到了重要作用；当然，对于产品语意学的发展也不例外。

◆R（S，S）=符形学（Syntactics）

◆R（S，W）=符意学（Semantics）

◆R（U，S）=符用学（Pragmatics）

◆R（U，W）=实践学（Praxeology）

◆R（U，U）=社会学（Sociology）

◆R（W，W）=物理学（Physicals）

图2.29　符号学的分科

2.4.1　符形学

符形学研究的是符号的组合关系。莫里斯在研究中有意避开符号学的语言学属性，他认为："符形学问题包括感知符号、艺术符号、符号的实际使用，以及一般语言学。"赵毅衡对符号进行描述，并将其分为两部分：媒介和渠道。索绪尔所讲的能指即符号的可感知部分（被直接称为符号的部分），是符号系统的表达形式（表达层）。比如我们在做文化创意产品设计时，创意设计产品的能指是文化元素，其媒介是特定的文化形象。如图 2.30 所示的是故宫猫系列文创产品设计，其传递创意信息所采用的是人物化的故宫猫形象。猫是承载故宫文化元素的可感知形象，是故宫文化符号的一种载体。赵毅衡在分析中认为，渠道不同于媒介或载体，渠道是符号信息到达接收者感官的途径，是媒介被接收的方式；渠道按照接收者感知的器官来区分，可以分为视觉、听觉、触觉、味觉和嗅觉五种，在设计中最重要的渠道是视觉和听觉。当然，随着 VR 技术的发展，五种感觉在设计中的体现都在不断地被运用和开发。故宫猫系列文创产品设计就分别运用了手表、书包、橡皮等符合儿童认知和使用需求的信息传播途径（渠道）。因此，从符形学上来说，清廷皇帝人物化的猫形象（媒介）和书包、橡皮等传播途径（渠道）就构成了故宫文创符号的一种组合关系。

1. 媒介即信息

1964 年，麦克卢汉在《理解媒介：论人的延伸》一书中提出"媒介即信息"，对一种文化而言，媒介形式的改变，不是信息传递方式的变化，而是整个文化模式的变化：

图2.30 故宫猫系列文创产品（邱丰顺 设计）

媒介才是文化的真正"内容"。人类文明可以因为中介的变更而产生革命性的变化，比如说德国发明家古腾堡将印刷术大规模应用于信息传递，从那以后欧洲文明成为印刷文明。麦克卢汉甚至声称："印刷创造了民族整体性、政府和中央集权，也创造了个人主义与反对派。"

信息传递中的媒介选择是非常重要的，符号学理论认为媒介本身不是符号过程中的可有可无之物，媒介的性质会直接影响对符号意义的解读，从而最终影响信息的传递效果。因此，适当的媒介与符号表意配合是必须要考虑的。比如通过情书、情歌或情诗的渠道表达爱情，那么情书最好不要计算机打印，最好手写；情歌最好曲调柔软婉转，不用重金属摇滚；情诗最好不用江阳韵。再比如对于传统的民间非物质文化遗产，如刺绣、绘画等，在技术已经高度发达的今天，运用电脑刺绣、摄影技术就可以保证物象的完美还原，但工艺大师的刺绣、艺术家的绘画价值可能要远远高于电脑刺绣和摄影照片。这是因为，对于艺术创作、技艺表现和文化内涵而言，刺绣的针法比所绣的内容更有意义；一幅书法或泼墨山水画，首先强调的是笔法画艺，至于写的是什么字、画的是什么景色，倒是其次的事。

反过来讲，对于信息传播来说，尤其是在信息时代，电子技术、移动互联技术的发展给文化传播、符号形式带来了极大的影响。在20世纪60年代刚开始出现电视机的时候，麦克卢汉就及时预言了大众传媒时代的到来："今日的大众传媒是现代生活非中心化，把地球变成一个村子。"他说这些话的时候，互联网、手机、卫星电视远未出现。电子技术的出现，使人类文化在近几十年发生了划时代的重大变化，而这种翻天覆地的变化是因媒介变化而发生的。

同样以故宫文创产品设计为例，三百多年前雍正皇帝写下了"朕就是这样汉子"的千古名句，故宫博物院便以"朕就是这样汉子""朕亦甚想你"为故宫文创符号的媒介，推出了以纸胶带、折扇为渠道的系列产品，受到追捧。故宫博物院从2013年推出首款App《胤禛美人图》，此后又先后推出了多款App，平均下载量过百万。2014年，由故宫文化服务中心授权，周大福珠宝创作的一批故宫文化珠宝在聚划算平台上独家发售，这些文化珠宝的售价从几万元到百万元不等。媒介形式的变化不仅给设计带来了新的表现形式，而且也为营销带来了新的手段，这是"互联网＋"时代产品设计师必须思考并加以有效利用的形式。

2．多媒介联合编码与解码

多媒介联合编码，就是多媒介符号表意。比如在电视播出的节目既有图像、声音，还配有字幕，演唱者在表演时不仅有动听的声音还会配上相应的肢体语音，达到声情并茂的效果。在中国画艺术中，尤其讲究诗、书、画、印四者的有机结合；在中国画的书写内容上，一般来说诗或文都与画面主体形象、情节相关；除诗文以外，还要书写干支年月、画家姓氏名号，这些统称为题款，题款有助于深化主题和创造意境。如图2.31所示的分别是现代画家齐白石的《不倒翁》和元代画家王冕的《墨梅图》。在齐白石的画中，题诗为："能供儿戏此翁乖，打倒休扶快起来。头上齐眉纱帽黑，虽无肝胆有官阶。"在王冕的画中，题诗为："吾家洗砚池边树，朵朵花开淡墨痕。不要人夸好颜色，只留清气满乾坤。"这两幅画都通过诗文提升了画面的主题，通过不同的媒介编码增加了信息量，也增加了信息解码的解读效率。另外，作为符号的编码形式，题款还可以对画面构图起到稳定和平衡的作用，帮助画面形成气势，并填补构图的不足之处。如图2.32所示，在清代郑板桥的《丛竹图》中，大面积的题款起到了在构图中补白与画面平衡的作用，红色印章在画面中起到了丰富色彩和点缀的作用。因此，对于符号形式而言，媒介手段和编码形式无论对于读者的符号解码，还是对于设计艺术的形式美，都有积极的作用。

在电子传媒时代，多媒介联合编码在设计中更是常见。以虚拟现实技术为例，通过传统视觉、听觉与信息技术下的触觉、嗅觉等相结合，由传统的二维画面信息传递延伸为三维虚拟空间的交互式信息传递，增加了沉浸性、交互性、体验性，使信息的接收者

图2.31　国画作品（左《不倒翁》现代　齐白石；右《墨梅图》元代　王冕）

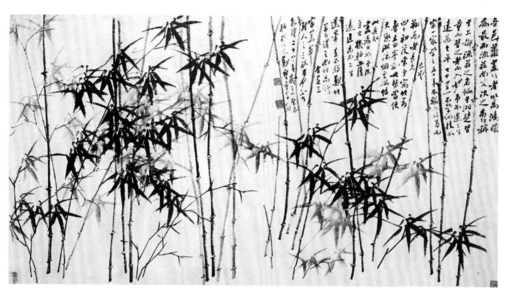

图2.32　《丛竹图》（清代　郑板桥）

更容易融入设计者设定的信息环境中。在多媒介联合编码条件下的产品设计，表现形态是由技术、结构、功能等多个要素来决定的，如图2.33所示可以反映出汽车车载音响系统、导航系统的媒介运用上发生的变化。左图是较老的车载音响，主要是收音机和碟机，主要功能是播放，这个阶段作为媒介主导的声音信息以被动接收的娱乐内容为主。中图是液晶技术和多媒体技术发展后出现的车载综合娱乐系统，有地图导航、影音播放、收音机等功能，这一阶段媒介的形式从听觉发展到了视觉，可以接外置的U盘、移动硬盘等信息源，娱乐从传统的信息被动接收转换为可以主动选择娱乐信息。右图是目前较新颖的车载影音娱乐系统，将影音娱乐系统集成到倒后镜上。这里不讨论是否改变了倒后镜的安全功能（还有一种设计是把影音系统作为倒后镜的一部分，另外一部分还是倒后观察功能），因为这种影音系统可以通过摄像头实现车外360°全景显示。这种系统通过插入手机卡上网，除了实现上述影音娱乐功能外，还可以接收在线的导航信息、网上娱乐信息。由此可以看出，设计中的多媒介信息编码变得越来越重要，这时的设计不是简单的形态设计，而是要在考虑技术的前提下，通过对技术和结构的综合考虑来实现信息编码和解码的效能优化。

图2.33　汽车车载音响系统、导航系统设计

2.4.2 符意学

符意学研究的是意义的传达与解释，换而言之，符意学以符号的意义作为研究的内容，这也是符号学研究的核心问题。经典符号学理论不管是"二元论"还是"三元论"，其核心都包含"能指"和"所指"。在符号的运用中，能指以"被感知"为第一要求，但感知不等于认知。经典符号学理论认为，解释者生活在各种各样被符号信息刺激包围的海洋中，这些刺激都是能被感知的，但只有一部分被感知（Perceived），其中很少一部分被认知（Recognized），被解释的就更少（Interpreted）；而作为符号，只有能够被认知、被解释，才能达到语意传达的目的。

符号的被使用是一个编码过程，是意义传达的开始，而信息的接收和解释是符号语意传达的目的。人的认知是自动化的，认知是接收者的意向性选择过程。在现实生活中，符号太多，要解释的东西太多，这其中有许多"噪声"，能够被解释的符号信息是选择认知的结果。赵毅衡在《符号学原理与推演》中举了一个例子：开车者一上街，满街皆是可感之物，只有一部分被感知，但是他必须马上筛选出应该认知的对象、被舍去的绝大部分感知物，即是所谓"噪声"。

赵毅衡把符号的意义实现分为三步：感知—接收—理解。符号对受众而言都可以被感知，而受众对符号有接收上的选择性，越是符合大众认知的符号，越能够提高被理解的概率，换而言之，程式化的理解符号可以跳过中间环节，从感知直接跳入理解。这中间就存在一种设计艺术上的悖论：容易被接收和理解的设计会由此而过于直白、浅显，失去了诗意、意境，显得浅薄；对于艺术来说，感知过程就是艺术欣赏，而越是从感知中艰难寻找识别、从识别中寻找理解，这个过程就越费力，就越能从中体会到艺术欣赏的乐趣。赵毅衡的理论将其归结为"艺术延迟感知，乐在认知"。

2017年，在微信朋友圈中有一段较火的视频，就是清华大学建筑学博士生徐腾在"一席"中的演讲，内容是关于易县奶奶庙的民间塑像和民企游乐项目中的建筑，如图2.34所示。对于演讲中提到的奶奶庙的车神塑像和河北平山的东方巨龟苑的巨龟建筑，在徐腾的视角中并没有简单地否定这些"民间艺术"，而是认真分析了其存在的群众基础。从符意学的角度分析，这些设计谈不上艺术美，但其符号形式符合民众的认知，在被感知时，很容易被接收和理解，能够满足符号的意义实现。与之相对应的，同样是塑像，如图2.35所示的是麦积山石窟中的供养人像，作为四大石窟之一中著名的造型艺术，其审美价值、艺术价值是毋庸置疑的，专门对其造像、容貌、服饰、年代等进行分析的学术文章也有很多，但是除去事先的介绍、了解，进入石窟中游览的游客有多少人能够被其吸引呢？就像去旅游景点，招揽生意的导游都会告诉你文物需要三分看七分讲。确实如此，很多人如果没有事先做功课或者请导游讲解，走马观花可能就不会有很深的艺术感触。

图2.34 车神塑像和东方巨龟苑建筑

图2.35 麦积山石窟第121窟、第165窟供养人像

符意学角度的悖论是我们设计中必须要正视的一个问题，这其中有庸俗与高雅、实用与艺术的碰撞，在两者之间把握合适的度或许是我们需要努力的方向，真正做到通俗而不庸俗，且要避免曲高和寡。尤其是作为实用品的产品设计，即使是文化创意产品也应该区别于纯艺术品，应该考虑受众的接受能力，同时保持其应有的艺术属性，而这也许是对设计师提出的更高要求和极大挑战。

2.4.3 符用学

符用学研究符号与使用者之间的关系，研究接收者在什么样的条件下，会得到何种意义，以及如何使用这个意义。符号学家里奇将符用学归结为四个方面：考虑发送者与接收者、考虑发送者的意图与接收者的解释、考虑符号的语境、考虑使用符号而施行行为。简而言之，涉及符号使用的问题都是符用学问题，语境不同，符号的意义就会无比复杂。

雅克布森在1958年提出了如图2.36所示的著名的六因素分析法，指出符号的信息传递中包含发送者、接收者、语境、信息、接触和符码六个因素。语境是符号的使用环境，信息是符号负载的内容，接触是符号信息发送的媒介，符码可以理解为元数据（即符号信息所能提供的自身解释）。

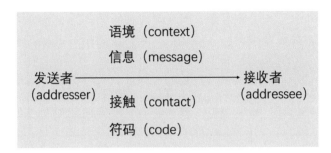

图2.36　雅克布森六因素论

对于设计来说，要考虑"场合语境（Situational Context）"，即解释者处于什么样的场合，属于哪一社会范畴，不同的社群之间有自己的沟通交流方式，是否符合其交流方式会影响到对符号的解释，而对群体之外的人可能会存在解释困难。一方面，符合特定的场合，其解释会更容易达到预期；另一方面，失去了场合基础，接收者根本无法接收到要传达的信息。如图2.37所示的是在2008年左右流行于国内网络的象形文字"ORZ"

（红色的ORZ小人、囧的ORZ小人、大"S"的ORZ）。这一符号最早在2000年左右流行于国外网络,被称为"失意体前屈"，"ORZ"三个字母，"O"代表的是人的头，"R"代表的是手及身体，"Z"代表的是脚，原意是失意时双膝下跪、双手撑地的象形文字。在网络游戏中，这个形状像是一个人被事情击垮后跪在地上的样子，用来形容被事情打败或者很郁闷，表示失意或沮丧的心情，后引申出拜倒、跪服、忏悔等意思。喜欢网络游戏、网络社交的大中学生可能容易理解这一符号的含义，而中年人看到这一图像时可能一头雾水。对于某些设计来说，如果脱离了语境，符号的解释基础可能就不复存在了。

语境不仅涉及符用，而且可以与符意结合起来讨论。语境是

图2.37　网络流行符号"ORZ"

决定符号意义的重要因素，同一符号在不同的场合意义可能截然相反。如表2-1所列的是常见的两种手势符号，很多人可能还不清楚在不同的国家这两种手势符号的含义原来还有这么大的差异。

表2-1　两种手势符号在不同国家和地区的不同含义

	美国	法国	日本	泰国	巴西
👌	同意、顺利、很好	零、无价值	钱	没问题	粗俗下流
👍	几乎世界公认	美国和欧洲部分地区	日本	伊朗、伊拉克等中东国家	澳大利亚
	好、高、妙、一切顺利、非常出色等	表示搭车	代表数字5	挑衅，类似于西方国家的竖中指	表示骂人

作为社会的人，对符号的理解是在特定的语境下构筑的。在这种语境中，符号表意的出现就会变得"不言而喻"，就像现今越来越受到重视的文化创意产业，尤其是博物馆的旅游纪念产品开发设计。消费者在身临其境的游览参观中，对某种文物印象深刻，在游览完之后就会选择购买以其最有感触的文物原型进行开发的设计产品作为纪念或馈赠亲友的伴手礼，这时候文物符号所具有的语境效应就会大于在其他环境所给人产生的购买欲望。因此，旅游纪念品不是单纯地强调功能性，而是强调现场给游客带来情感冲动所能激发人消费冲动的设计元素运用。

接触是信息发送的媒介。由于符号理解的多义性，符号的发送者总希望接收者能够理解发送者的大致意图，也就是信息发送者希望接收者期盼解释的理想暂止点，赵毅衡称之为"意图定点"。"意图定点"无法适用于全部接收者，但可以针对预定的群体，通过选择合适的信息媒介来辅助实现其"意图定点"。如图2.38所示的是故宫博物院开发

图2.38　以儿童和青少年为受众的故宫博物院文创产品设计

的文创产品，图中的文创产品目标受众是儿童和青少年，在进行设计时就以儿童和青少年作为群体设定"意图定点"，在媒介上选择儿童和青少年乐于接受的卡通、呆萌、可爱作为其基本形式，包括学生卡通书签、曲别针式书签、钥匙扣、卡通手机壳、耳机塞等。儿童和青少年接收者会把理解暂止在呆萌、卡通等的认知上，就实现了"意图定点"。

2.5　符号学、语意学与其他相关设计知识之间的关系

　　符号学、语意学是产品形态设计的方法论。从现代设计系统论的角度来看，产品形态设计不是简单的造型设计，更有别于传统工艺美术层面的造型设计，要真正做好产品形态设计首先要明确产品设计的研究体系，如图2.39所示。图中运用语意差分图的形式给出了产品设计的相关基础课程和专业课程，对于从明确产品设计课程体系的角度探讨符号语意学视域下的产品形态设计具有重要的指导意义。从图中可以看出，符号语意的内容与产品造型基础、形态设计密切相关，是艺术与技术相结合的基础。尽管很多学者从艺术、文化的角度进行符号学、语意学的研究，但是不容否认的是，艺术与技术的结合需要从功能的角度去探讨艺术的表现形式、文化载体的构成形式及使用功能最终的形体呈现方法。

　　从产品设计学科的角度来看，艺术与技术相结合一直是其最大的特点，而符号语意

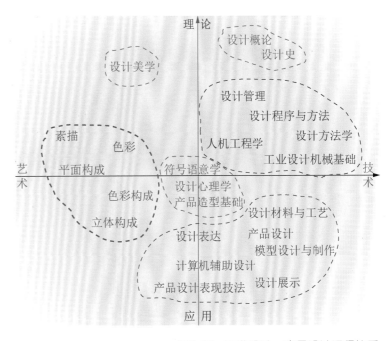

图2.39　工业设计、产品设计课程体系

学无疑是真正实现艺术与技术的结合的支点之一，尽管现有的符号语意学理论更多地从形、色、质的角度去探讨产品形态设计的语意学实现，但作为使用功能与情感功能相结合的现代产品，将功能、结构等技术因素割裂开来讨论产品形态设计是不现实的。在基础设计理论与技术理论方面，材料工艺、机械基础、人机工程学等技术支持实际上与产品形态设计关系密切，同样可以找到其语意学的理论角度，有学者在讨论符号学、语意学时将之与心理学、人机工程学进行对比。实际上，作为基本理论，符号学与人机工程学、设计心理学的研究有着角度上的根本区别，但不可否认的是，人机工程学与设计心理学之间、设计心理学与符号语意学之间、符号语意学与人机工程学之间都有着千丝万缕的关联，如图2.40所示。因此，在讨论产品形态语意设计时，需要站在产品系统的高度，从材料工艺、机械技术、人机工程学、设计心理学的角度，全面考虑人机工程学和设计心理学甚至设计美学等相关知识，并从功能、结构、材料、色彩、肌理等与造型形式相结合的角度，系统讨论产品形态语意关系，从而设计出实用功能与精神功能相结合的产品。

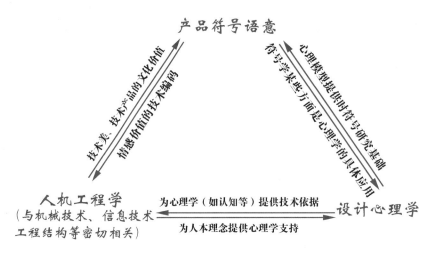

图2.40　符号语意与相关专业知识的关系

本章习题

(1) 以下图为例，从符号学的角度对导视产品设计进行分析，从产品形态设计与用户认知相匹配的角度说明符号属性在产品设计中的重要意义。

(2) 选择相关产品，分别从用户认知、文化属性、功能及使用方式、传达等方面对其进行分析，分析说明其优点或指出其在上述方面的不足及设计改进方向。

(3) 参考教材内容收集资料，分别举例说明像似符号、指示符号和规约符号在设计中的体现和运用。

(4) 从平面设计作品、建筑艺术作品、文化创意产品、工业产品等不同种类设计中选择你认为有代表性的对象，分别从符形学、符意学和符用学的角度对它们进行分析解读。

第3章
形态符号语意的认知心理学基础

本章要求与目标

要求：了解认知心理学的基本概念；了解认知心理学的四种研究范式；理解产品形态符号语意与信息加工之间的关系；理解并初步掌握认知心理学在产品形态设计的运用思路和基本方法。

目标：明确产品形态对认知的重要作用；掌握信息传播的通道及其在产品形态设计中的体现和运用；掌握信息加工的基本方法及其在产品形态设计中的运用体现；学会从用户认知心理的角度出发进行产品形态设计。

本章内容框架

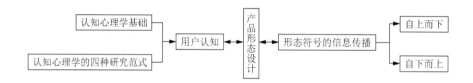

3.1　产品形态设计与认知

认知作为心理学术语，在心理学中被理解为认识过程，即和情感、动机、意志等相对的理智活动或认识过程。美国心理学家 T.P.Houston 等人把许多对认知的不同观点归纳为五种主要类型：①认知是信息处理过程；②认知是心理上的符号运算；③认知是问题求解；④认知是思维；⑤认知是一组相关的活动，如知觉、记忆、思维、判断、推理、问题求解、学习、想象、概念形成、语言使用等。

认知涉及的内容包括知觉和认知、记忆和学习，而符号语意中的语言和思考与之形成了形态符号语意的对应关系，所以从感觉和认知的角度探讨语言与思考的问题，可为符号语意角度的产品形态设计带来造型设计解决的思路。以认知的感知研究为基础的相关人机工程学研究，又提供了人机关系方面的生理学研究方向，从信息传递的角度来看，在认知学习和记忆原理的指导下，可以为基于设计心理学层面的产品形态设计提供技术支撑。

3.1.1　形态符号的信息传播

认知科学以人的生理研究为出发点，研究的内容除了简单的视觉、听觉、触觉、嗅觉、味觉，还有复杂的神经系统、思维和记忆。

感知是人认知的基本途径，通过各种感知功能，获得外界信息，对大脑产生各种刺激，并做出相应的反应。毛泽东指出："一切比较完全的知识都是由两个阶段构成的，第一个阶段是感性知识，第二个阶段是理性知识。理性知识是感性知识的高级发展阶段。"[①]人的感知就是要获取感性知识，通过外界事物作用于人的感觉器官而获得感性知识。

通过感知形成的感性认识，是人们在实践基础上对客观事物的表面现象和外部联系的认识，是认识的初级阶段。人的感知过程，是在图像、声音、触感刺激下形成的视觉、听觉、触觉、嗅觉，人的感觉器官产生信息流，沿着特定的神经通道传送到大脑，形成对产品的颜色、形状、声音、冷热、气味、疼痛等的感觉和印象。

如图 3.1 所示的产品设计中形态符号信息传播与接收的示意图，设计师通过符号化（有形的、有声的或其他感觉编码形式）编码传递产品的功能化（物质功能、精神功能）信息，受众通过自身已掌握的或固有的知识来感知并解码信息，两者之间必然存在耦合关系，耦合性不足则可能意味着信息的传递失效。

---

① 语出《整顿党的作风》（1942 年 2 月 1 日），《毛泽东选集》第 769 ～ 786 页。

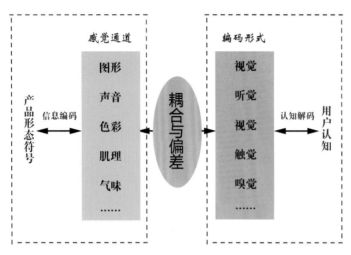

图3.1 形态符号信息传播与接收

人机工程学对感觉的信息通道有着深入的研究。表3-1列出了信息编码中不同感觉通道的适用场合，对于特定的环境和特定的人群，由于环境的原因或自身生理特征，某些看似常规的感觉通道可能不适用于特定的人或人群，所以就需要根据特定的情形确定信息编码的形式。如图3.2所示的2006年iF设计奖获奖作品"触——材料魔方"（浙江大学学生作品），针对特定的盲人群体并从盲人的生理特征出发，将魔方玩具的信息呈现模式改变为触觉呈现模式，能够满足人的感觉特征和认知需求。

表3-1 信息编码中不同感觉通道的适用场合

感觉通道	适合的信息
视觉通道	（1）传递比较复杂或抽象的信息（如原理、结构的演示） （2）传递需要立即做出响应的信息 （3）传递比较长或延迟的信息 （4）传递的信息与空间方位、位置有关（如维护训练中装配关系的教学） （5）虽适合听觉传递，但听觉传递已过载的场合
听觉通道	（1）传递比较简单的信息 （2）传递的信息与时间有关 （3）传递要求立即做出快速响应的信息（如警示音） （4）虽适合视觉传递，但视觉传递已过载的场合
触觉通道	（1）传递力信息（如与施力及力大小有关的操作） （2）传递质感信息

信息的编码受到多重因素的影响，如设计师自身的知识水平、设计师对用户需求的分析和理解、设计师对用户自身知识水平及认知水平的理解、现有技术水平能力等，前三者是由设计调研和用户分析所决定的，而技术水平能力则是由社会发展和进步所决定的，因此，正确理解和创新运用技术水平对于信息编码和产品形态创新设计具有重要意义。如图3.3所示的荷兰飞利浦公司设计的"布贝尔服"，它采用了信息传感技术，可以通过衣服的颜色变化反应穿着者的情绪变化。这种衣服有2层，内层含有捕捉情绪的生

物识别传感器，将情绪转换成颜色传给外层。2013 年 5 月，丹麦"罗素格地"工作室设计团队为银行家和政府官员研制出了类似的"公务西装"，可以根据人类情绪的波动改变透明程度。类似的信息传感技术的应用，改变了原有的信息编码方式，将以往的语言符号转换成不受语言表达者控制的色彩符号或其他符号，使信息传达变得更客观。

实际上，"布贝尔服"的例子能够说明的是，根据人的认知特征适当选择人的感觉

图3.2　触——材料魔方

图3.3　布贝尔服

通道是产品形态设计的重要途径之一，正如 VAM 手链闹钟和 Ring 指环闹钟的设计通过改变感觉通道（将声音刺激信息编码改为触觉刺激信息编码，将听觉通道转换为触觉通道）使闹钟在形态结构上发生了根本变化一样，在使用环境上有了更高的实用性。

3.1.2 认知心理学基础

正如前述，设计作为一个系统，各部分之间不是独立存在的，而是相互交叉融合的。产品语意与人机工程学和设计心理学之间互为支撑，相互影响。本部分着重讨论认知心理学及认知心理学与形态语意设计的关系，并不直接探讨设计心理学的原因在于，设计心理学是作为认知心理学的衍生而展开论述的，正如柳沙在《设计艺术心理学》中以美国认知心理学家唐纳德·A.诺曼和赫伯特·A.西蒙的理论作为研究基础一样，符号形态与认知的关系进一步决定了认知心理学与产品形态设计之间的某种必然联系。

认知心理学作为最新的心理学分支之一，是从 20 世纪五六十年代才发展起来的，到 20 世纪 70 年代已成为西方心理学的主要流派。1956 年被认为是认知心理学史上的重要年份，这一年中乔姆斯基的语言理论、纽厄尔和赫伯特·A.西蒙的"通用问题解决者"模型等几项心理学研究成果体现了心理学的信息加工观点。唐纳德·布罗德本特于 1958 年出版的《知觉与传播》一书为认知心理学取向奠定了重要基础，1967 年乌尔里克·奈塞尔的新书《认知心理学》第一次出现了"认知心理学"的概念。

认知心理学研究人的高级心理过程，主要是认知过程，如注意、知觉、表象、记忆、思维和言语等，将人看作是一个信息加工的系统，认为认知就是信息加工，包括感觉输入的编码、存储和提取的全过程。根据这一观点，认知可以分解为一系列阶段，每个阶段是一个对输入的信息进行某些特定操作的单元，而反应则是这一系列阶段和操作的产物。信息加工系统的各个组成部分之间都以某种方式相互联系着。而随着认知心理学的发展，这种序列加工观越来越受到平行加工理论和认知神经心理学等相关理论的挑战。

用户的不同、需求的差异及教育程度、民族、宗教、信仰、性别、环境等制约因素，对用户认知水平、信息的获取及信息解码的影响存在较大的差异，符号的语意、形态的编码，甚至使用功能与精神功能的表达都有较大的个体性。因此，认知心理学作为设计心理学的重要内容之一，对形态语意设计有着重要影响。

3.1.3 认知心理学的四种研究范式

了解认知心理学的研究范式，可以从认知的角度思考形态设计中符号的运用手段，使形态符号与用户的认知相匹配，使设计具有可接受性、可理解性、可用性。总结认知心理学的研究发展过程，可以归纳为以下四种研究范式。

1. 信息加工的方法

信息加工的方法兴起于 20 世纪六七十年代，至今在认知心理学领域影响深远。信息加工的方法作为认知心理学的一种重要理论，把人看作一个信息处理器，而人的认知过程就是一次信息处理过程，即信息的输入、编码、加工储存、提取和使用的过程。用户（产品的受众、消费者）面对各种大量的产品信息时，要对信息进行选择性注意、选择性加工、选择性保持，最后做出选择决定和购买行为。这个过程可以用心理学原理解释为：产品信息引起了用户的有意或无意注意，那么大脑就开始对所获得的信息进行加工处理，这个过程包括知觉、记忆、思维和态度，于是就产生了选择决定。

信息加工的方法的核心思想是：认知可以视为信息（包括视、听、触、味、嗅等内容）在一个系统（人脑）中的经过（加工过程）。信息加工方法的认知心理学认为：信息经历了不同阶段的加工（被搜索、储存、记录、转换、提取和传输），并且在加工过程中存储于特定的位置。图3.4是一个典型的信息加工模型，方框表示存储，箭头表示加工，该模型表述了信息的记忆存储和加工转换过程。

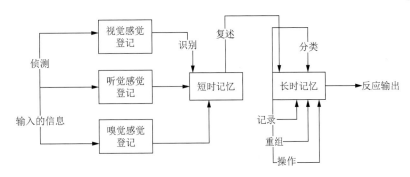

图3.4 典型的信息加工模型

正如阿莱西水壶一样，从听觉信息加工的角度来看，小鸟的叫声可以传达水开的信息。到了2014年的时候，迈克尔·格雷夫斯为纪念阿莱西水壶（9093水壶）设计30周年，重新设计了9093水壶（图3.5），把鸟改成了虚幻和神话的史前生物——龙。其设计的意图很明显：飞龙在文化底蕴深厚的中国民间神话里，象征着力量和好运，其中一款"Tea Rex"翡翠绿龙哨子，更是中国文化中实力和财富的象征。类似的设计，还有如图3.6所示的米奇造型阿莱西叫声水壶。其实，鸟鸣水壶之后的阿莱西叫声水壶设计已经脱离了

图3.5 9093 Tea Rex龙叫水壶

小鸟作为声音符号所传达的符号意义上的"能指"和"所指"范畴，而成为一种成功品牌之后的文化延伸。新的造型使用户在信息处理上把毫不相关的水壶和文化联系到一起，中国用户会因为龙的美好寓意和9093的品牌价值而购买它，西方用户则会因为米奇深入人心的形象和9093的品牌价值而购买它，但是西方用户（尤其是不接受中国龙文化的西方用户）不会购买龙造型的9093产品，这是人的信息加工对选择决定性产生的后果。

图3.6　米奇造型阿莱西叫声水壶

举一个简单的例子，形态设计中较为常见的仿生设计（仿生设计作为一种科学设计方法，并非简单的复制或形态模仿，而是包含了机械仿生、建筑仿生、化学仿生、力学仿生、电子仿生、机理仿生、信息和控制仿生等；产品设计中常用的仿生设计包括形态仿生、形式美感仿生、功能仿生、结构仿生、色彩仿生、意象仿生等），从认知的角度来讲是以人的认知信息加工模型为基础的。如图3.7所示，民族品牌吉利汽车的吉利熊猫小型轿车设计，通过简洁的手法，从进气格栅、车灯等形态上生动地塑造了可爱的熊猫神态。这是国产品牌汽车中真正较早的创新设计，中国用户对熊猫的视觉形象有较为深刻的认识，这一形态设计很容易被认知，自然就成为成功的汽车产品造型设计。

图3.7　吉利熊猫小型轿车

2．联结主义的方法

联结主义(Connectionism)兴起于 20 世纪 80 年代早期,也称为平均分配加工(Parallel Distributed Processing，PDP)，认为情境感觉和动作冲动反应之间形成的联结是学习的基础，也是心理行为的基本单位，其基础是将认知描述为一个由简单（通常是多个）加工单元连接所构成的网络。

联结是指某种情境（Situation）仅能唤起某种反应（Response），而不是唤起其他反应的倾向，即 S-R 模式，两者之间是直接的，不需要任何中介。如图 3.8 所示，梁建宁运用科林斯和奎连的相关理论绘制了基于联结主义的层次语意网络模型、人们在谈到或看到相关的信息时，首先基于联想并通过知识联结对事物做出分析判断进而做出相关决定，这对设计相关产品时形态符号构成形式的指导意义在于，通过反向联想进行形态塑造。

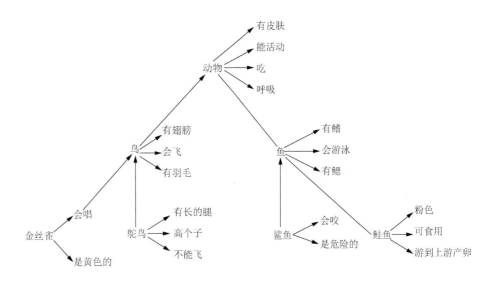

图3.8　基于联结主义的层次语意网络模型

认知心理学中的联结主义有以下四种主张：

（1）认为联结有两类，一类是先天的联结或反应趋势，即本能；另一类是习得的联结或反应趋势，即习惯。如图 3.9 所示的婴儿安抚奶嘴设计，婴儿用嘴吮吸是一种天性和本能，安抚奶嘴的设计就是运用人的本能的产品设计。如图 3.10 所示的是人机工程学键盘设计，人机工程学键盘考虑了使用者的舒适性问题，对传统键盘做了重新设计，但是多年来人机工程学键盘并未获得较大的推广应用，究其原因是因为传统键盘的 108 键布局已为使用者所习惯使用，尤其是对于以盲打为主的专业文字录入人员来说，他们更习惯于使用传统布局键盘。

图3.9　婴儿安抚奶嘴设计　　　　图3.10　人机工程学键盘设计

（2）联结，人和动物都有。美国心理学家爱德华·李·桑代克（1874—1949年）根据动物学习实验，提出三条学习律，即练习律、效果律和准备律。其中，练习律还包括两个副律，分别是使用率和失用率。他在《教育心理学》一书中最早提出这个概念，这一概念与练习律和准备律并称为桑代克三大学习理论。

练习律是指在对某一类情境的各种反应中，只有那些与情境多次重复发生的行为才能得到巩固和加强。对于学会了的反应，经过多次重复练习后，会增加刺激和反应之间的联结，否则这种联结就会减弱。使用率是指一个已形成的可变联结，若加以应用，就会变强；失用律正好相反，对于一个已形成的可变联结，若久不应用，会变。巴普洛夫的条件反射实验即是练习律的例证。

效果律强调个体对反应结果的感受，这将决定个体学习的效果。也就是说，如果个体对某种情境所起的反应形成可变联结之后伴随的是一种满足的状况，这种联结就会增强；反之，如果伴随的是一种使人感到厌烦的状况，这种联结就会减弱。

准备律包括三点：当一个传导单位准备好传导时，传导不受任何干扰，就会引起满意之感；当一个传导单位准备好传导时，不能传导就会引起烦恼之感；当一个传导单位未准备传导时，强行传导就会引起烦恼之感。

桑代克的三大学习理论反映了人的认知学习基本规律。

（3）强调刺激与反应之间的联结，否认在动物联结形成中观念的作用，只要将可能的情境及其元素或复合物和与之相联系的反应的各种复杂表现加以归类编目，就可以了解人的整个心理活动。这种主张对于设计而言，要求设计师注重设计要素与受众之间的对应关系，即信息与信息受众之间的匹配关系，比如儿童用品设计多用儿童可以接受的表达形式，对于成人来说看似很幼稚无趣的内容却能吸引儿童的兴趣。这是由刺激对儿童反应的匹配性决定的，如儿童喜欢的摇摇车（图3.11），成人觉得没有什么奥秘和兴趣，但儿童坐进去后却不舍得离开。

图3.11　摇摇车

（4）强调人与动物心理的连续性，差别仅仅在于联结的复杂程度不同。动物学习不存在思维和推理的作用，而在于情境刺激与反应之间的联结，即动物性本能，如生理上的性需求、心理上的安全需求等。合理的设计在于抓住这种本能刺激引起人对信息的关注。

如图 3.12 所示的麦当劳于 2011 年在加拿大做的户外路灯形象广告，其设计运用反常理转换视角的构思方法，将熟悉的形象以视觉生理刺激的形式来吸引路人的注意力。与一般的户外平面广告相比，通过产品设计实物类题材的广告形象塑造，无须思维和推理，直接就可以让受众接受。与此类似的，在广告设计中通常采用俊男、美女等明星形象的设计手法，也是基于相同的认知考量。

3．进化论的方法

进化论的观点认为，同其他动物的心理一样，人的心理是一个生物系统，随着时代的更替而逐渐进化，本身也遵循自然选择的法则。

按照进化论的观点，人所具有的各种特定领域的能力都是进化遗传的结果。Cosmides 和 Tooby 认为，人拥有经过进化的大量不同性质的、确实发展了的、用于解决问题的程序，每一种都专门用来解决某一类或某一特殊领域的适应性问题（诸

图3.12　麦当劳户外路灯形象广告设计

如语言的获得、求偶、讨厌某种事物、认路等）。换而言之，人拥有针对某一特定情境或特殊类型问题的专门技巧和机制（包括认知机制）。

对于产品形态设计而言，进化论的观点能够说明人对产品所具有的推断能力，是与人自身认知方面所具有的进化能力相关的。一个用户可能对产品的具体使用方法等并不完全清楚，但可能具有相应的问题解决能力。

4. 生态学的方法

认知心理学的第四种方法是生态学的方法，由心理学家和人类学家共同提出。生态学的方法相较于信息加工的方法及联结主义的方法，与进化论的方法更为相近。生态学的方法的核心是：认知不会独立于其广阔的文化情境而单独发生，所有的认知活动都会受到文化及其所发生情景的规定和影响。

生态学的方法否认与广阔的真实情境相分离，否认在人工环境下进行的对认知现象的研究，而且较少依赖于实验室中的实验和计算机模拟，它重视的是用自然观察和现场研究的方法探索认知。

3.2 产品形态符号语意与信息加工

了解信息加工的过程，对于确定产品形态设计而言具有形而上的意义。

认知心理学家把信息加工区分为自下而上的加工过程和自上而下的加工过程。如图 3.13 所示，柳沙在《设计艺术心理学》中表示了信息加工的这两种模型。

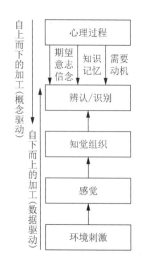

图3.13 信息加工的过程

信息加工的两种模型反映了信息编码和解码应该遵循的基本原理。在产品设计过程中，如果说设计师所设计的产品是客体的话，那么产品的目标受众就是主体。主体通过感觉和知觉的加工，能够获得外界物体的物理特征，如大小、形状、颜色、质感、位置、情境等。这些环境刺激传递的信息与存储的知识进行匹配，可以赋予知觉对象确定的意义，于是构成了信息加工的基本过程。在自下而上的信息加工过程中，主体从客体中获得感觉信息并发送给大脑，大脑对有效信息抽取并进行加工，从而实现辨认、识别的过程。另外，人过去所积累的直觉经验、知识、动机和背景也会影响人对客体信息的辨认和识别，从而形成自上而下的信息加工过程。

3.2.1　自下而上的加工过程

自下而上的加工过程（Bottom-Up Process）也称数据 - 驱动加工过程（Data-Driven），是指知觉者从环境中微小的信息开始，将它们以不同的方式加以组合形成知觉。例如，在看到边界、矩形及其他的一些形状时，加上光照亮的区域之后，将这些信息组合在一起，就可以"推断出"所看到的是一扇门或是一个过道，这个"推断"的过程就是一个典型的自下而上信息加工的过程。

在认知心理学过程中，主要存在以下三种不同的自下而上的知觉信息加工模型，即模板匹配、特征分析和原型匹配。

1. 模板匹配

模板匹配模型的理论认为人脑中先前存在一些模式（模板，Templates），人在感受到每一种变化时，都要与头脑中预存的模板进行匹配。然而，信息与模板进行匹配是以告诉知觉者所知觉为何物为前提的，在知觉者试图将输入的模式与模板进行匹配之前，是不能事先知道该输入模式是否应该加以调整的。模板匹配模式可能只在刺激相对清晰的条件下适用，知觉者事先就已知道它与哪些模板有关。模板匹配模型不适用于解释人是如何对"噪声"模式和物体（如模糊不清的字母、部分被遮挡的物体、在其他声音背景下的声音）有效地加以知觉的。

在产品设计中，文化元素的运用能够说明模板匹配的重要性，对于特定人群而言，不同的背景决定了不同的文化层面、文化水平和文化喜好。在设计文化内涵的产品时，一般出于两方面的目的：一是因为受众具有这种文化背景，选择目标产品是因为文化的模板匹配关系（常规意义上的文化产品设计）；二是因为受众在特定的环境中出于文化接受的角度想要了解目标产品的文化内涵或单纯出于喜好和收藏的目的（如旅游纪念品设计）。

像第一种情况，比如说中国人对中式服装（图 3.14）的偏好。例如，影星成龙在影视作品中或在很多重要的社交活动场合，经常穿中式对襟服装，显示了他内心极强的中国情结，作为一名国际影星更能反映其特定的身份特征。像第二种情况，比如说到国外旅游时挑选纪念品。挑选旅游纪念品的意义

图3.14　具有中国特色的中式服装

更像是"到此一游"的直白表达，因此，在纪念品的选择上首先应该体现文化表白的直观性。如图 3.15 所示的日本富士山题材旅游纪念文创产品设计，直白地运用了富士山的视觉形象，从酱油碟、纸巾包到纸巾架都巧妙地将使用环境下的功能产品与承载者之间构成一种互动关系，能够很好地打动旅游者，使纪念品有效地承载了旅游应有的纪念意义和价值。当然，富士山题材系列文创产品是极为优秀的产品设计，首先，它能够通过产品形态所具有的语意功能，在认知上形成典型的文化特征模板匹配；其次，它不但具有直白地显示地域文化特色的精神属性，而且具有使用价值属性，实现了精神功能和使用功能的有机结合，不再是单纯的工艺品。

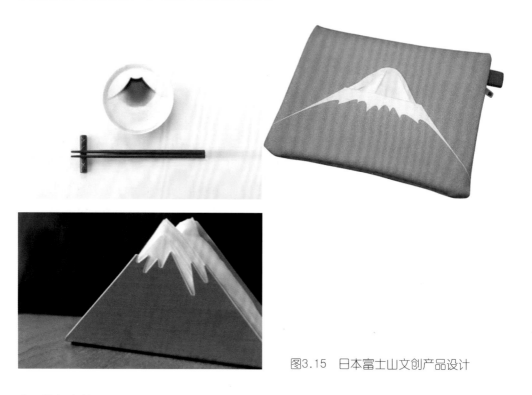

图3.15　日本富士山文创产品设计

2．特征分析

把整体分解为部分进行分析是知觉的基本加工方法。与将刺激作为一个整体进行加工不同，它将刺激分解为不同的成分，根据对部分的认识推断出整体代表的是什么，这种方法被称为特征分析模型。被搜寻和辨认的部分就称为特征（Features）。在特征分析模型中，对整个物体的认识依赖于对其特征的认识。

如图 3.16 所示的贪吃猪储钱罐就是特征分析的信息加工方式在产品设计中的例证。与常规的仿生形态储钱罐设计不同的是，设计师设计的这只贪婪的小猪没有前半身只有后半身，使用时只有将它套在日常的空容器中，才能真正组成一个储钱罐。这样的形态设计允许使用者自由选择容器造型和花色，可以为用户带来更多样的视觉效果和不同的用户体验。尽管猪的视觉形态不完整，但是其形态特征在用户看来已经能够带来足够的"脑补"信息，从而构成了完整而更富想象力的有趣形象。

图3.16 贪吃猪储钱罐（英国Suck Uk品牌，Luka Or设计）

3．原型匹配

　　原型匹配的知觉模型试图纠正模板匹配模型与特征分析模型的一些缺点。与模板匹配类似的是，原型匹配也是通过输入信息与业已存在的表征相匹配的原理对知觉加以解释；与模板匹配的区别在于，原型匹配的储存特征不是必须完全或非常接近地匹配整个模式，而是一种原型（Prototype），即对某类事物或事件的理想化表征。

　　原型匹配模型对认知学习过程的可解释为：当一种感觉装置收到一个新的刺激时，该装置会将它与原先存储的原型进行比较，但并不要求完全相匹配，只要大体匹配即可。原型匹配模型允许输入信息与原型之间存在差异，一旦匹配找到了，物体也就被知觉了。这种应用在标志设计中是很常见的，如图3.17所示的几个标识设计，只用了一些简洁的线条，但是受众会用自己事先存储的模型进行匹配。正如图中的标识一样，相信多数人都能将其正确地理解为房子、针线、大象、猫科动物、树上的猫头鹰（鸟类动物）、俄罗斯和英国建筑。

图3.17 简洁线条的标识设计

3.2.2 自上而下的加工过程

自上而下的加工过程（Top-down Process）也称理论 - 驱动加工过程（Theory-Driven）或概念驱动（Conceptually-Driven），其与自下而上的加工过程正好相反，知觉者的期望、知识理论或概念会引导知觉者在模式识别过程中进行信息选择和整合。对于受众接触到陌生的产品时会主动去寻找安装、使用的方法和途径来说，这一过程就是自上而下的信息整合过程。在实际的日常工作中，自下而上的过程表现在人对陌生事物的知觉和学习，而自上而下的过程则表现在人对已认识事物或已掌握概念的信息进行加工。

自上而下的加工过程中包括的最主要策略是情境效应和期望效应，比如一个图案或物体周围的情境会使认知者对将要出现什么样的内容建立起某种预期。在认知学习中，物体识别的精确度和所需时间随情境变化而变化。

情境效应与期望效应的心理反应过程可用图3.18所示的例子来说明。在人的认知中，看到图中的两个单词时，会毫不迟疑地将上面的单词认读为"SHE"，但经过一个短暂的时间（如几毫秒）后才会把下面的单词认读为"DAY"（最初可能识读为"DHY"），这中间就包含了情境和期望的因素。

图3.18　情境效应与期望效应的例子

在人的信息加工、学习过程中，自上而下的加工必须和自下而上的加工共同作用，否则认知将不能知觉未曾预期的事情，这与事实是不符的。在产品形态设计中，利用自上而下的信息加工理论，就可以理解和发现语意学、感性工学等设计方法存在于认知科学及认知心理学中的理论依据，并可为形态语意设计提供技术上的支持。

3.3　基于认知心理学的产品形态语意设计

在信息加工中，人的信息辨认、识别是自下而上的数据驱动和自上而下的概念驱动两者相互作用的结果。尽管如此，在产品形态设计中，对于设计师和产品受众来说，信息加工的侧重点是不同的。简而言之，对于受众自下而上的信息加工在产品被受众接收的信息解码过程中所起的作用是主要的，而对于设计而言，在设计的信息解码中更应该考虑自上而下的信息加工过程。

3.3.1 从认知心理学到设计心理学的转换

从认知转化到设计，相应地就产生了从认知心理学到设计心理学的转换。设计心理学是专门针对设计的心理学理论。开展设计心理学的研究是为了明晰设计师、产品与使用者之间的关系，通过了解使用者的心理和研究使用者的行为规律，使产品能满足每一个使用者的需求。

设计心理学建立在心理学基础之上，它将把人的心理状态，尤其是人对于需求的心理，通过意识作用于设计。设计心理学同时研究人在设计创造过程中的心态，以及设计对社会及对社会个体所产生的心理反应，反过来再作用于设计，起到使设计更能够反映和满足人心理的作用。

唐纳德·A.诺曼的理论表明了"行为与信息"是联结人与物、人与外部环境之间的"纽带"，"行为"不单指人的各种动作和表现，还应该包括人的大脑中的内部"思维"操作。认知心理学认为，在内部世界与外部世界之间存在一种对应关系，人脑内部是以符号、符号结构及符号操作来表征、解释外部世界的。"符号"是信息的载体，心理表征就代表了外部世界存储在头脑中的"信息"。内外世界（人与物）不断进行的信息交换，就解释了人与外部环境之间"信息交换"的关系本质。通过以认知为基础的认知心理学研究，将设计师形态符号的信息编码与用户心理相结合的设计心理学延伸到形态设计的形态语意学领域，是实现产品形态设计从纯感性到感性与理性相结合的有益探索。

在认知中，人脑具有学习和记忆的功能和过程；反过来，人在工作学习中，通过对大脑中已有信息进行搜寻检索并运用于人和物的交换，实现各种操作。设计心理学正是要通过对人的学习与记忆、思维方式的研究，总结出设计规律与方法，使之符合人的认知规律，以便设计出更适合于使用者的各种产品。

认知心理学和设计心理学作为心理学研究的两个领域，它们之间是一种对应的关系。在产品形态语意设计中，通过认知心理学的研究进行设计心理学理论与方法的构建。认知心理学是设计心理学的研究前提，设计心理学是认知心理学的研究目的，其最终意义是为形态设计提供理论依据。图3.19所示的认知心理学与设计心理学作用的形态设计表明了认知心理学和设计心理学之间的转换关系。

图3.19　认知心理学与设计心理学作用的形态设计

3.3.2 基于自上而下信息加工的产品形态编码设计

富有意义和文化内涵的产品形态设计过程是信息传达的编码过程。如前所述（图 2.20），产品形态的语意传达对应的信息，在传达编码和解码的设计师与用户双方关系中，设计师在设计过程中的信息编码要考虑用户对信息解码的能力。换而言之，设计师要考虑自身知识与用户知识间存在的信息耦合差异，尽最大可能地实现信息耦合。

设计心理学就是要在考虑认知心理学的基础上，通过心理学层面的考量，实现设计师设计和用户认知的有效匹配（信息耦合），从而保证设计物所呈现文化内涵的认知有效性。从认知层面的信息加工分析可知，人的信息辨认、识别，尤其是被动接受产品时自下而上的数据驱动模式起主要作用。反过来说，设计师就应该充分考虑用户所积累的直觉经验、知识、动机和背景等基本情况，运用自上而下的概念驱动的信息加工模式进行产品设计，这也是"以用户为中心"设计理念的体现。真正实现信息的对等，可以保证信息编码和解码的有效耦合，实现产品语意的有效传播和理解。

在信息传播方面，美国学者拉斯韦尔于 1948 年在《社会传播的结构和功能》一书中首次提出了传播过程及其五个基本要素，即著名的拉斯韦尔"5W"模式，其主要内容是谁（Who）、说什么（Says What）、对谁说（To Whom）、通过什么渠道（In Which Channel）、取得什么效果（With What Effect），从而构成传播者、信息、媒介、受传者、传播效果的完整信息传播和评价链。

拉斯韦尔的"5W"模式表明了传播过程是一个目的性行为过程，其最终目的是影响受众，这与产品形态设计中的语意编码目的是一致的。与之类似的是，施拉姆在 1954 年发表的《大众传播的过程与效果》中提出了"经验范围"的传播模式，其基本模型如图 3.20 所示。施拉姆的传播模式强调传受双方只有在共同的经验范围之内，才能达到真正的交流，这在本质上就等同于设计师设计知识与用户知识之间需要达到的信息耦合关系。信息传播者和信息接收者都是信息面对的主体，信息接收者不仅要接收信息、解释信息，还要凭借自身的知识对信息做出反馈。传播是一个双向的互动过程，而这也正是产品形态语意设计中产品形态编码设计应该考虑的重要内容。

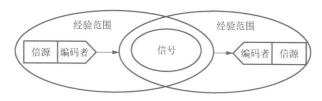

图3.20　施拉姆信息传播模式

将拉斯韦尔的"5W"模式和施拉姆的信息传播模式结合起来，就能够有效地解释和说明基于自上而下的概念驱动信息加工模式的产品形态语意设计的基本编码过程需要考虑的主要问题。首先，需要在施拉姆"经验范围"传播模式的基础上考虑设计师信息编码和用户信息解码的匹配问题。换而言之，"以用户为中心"的产品形态设计，需要站在用户的理解角度来进行设计，而不是设计师凭自身理解进行主观设计。其次，在产品形态设计中要考虑拉斯韦尔所讲的信息传播的五个环节。

在拉斯韦尔的五个环节中，第一个环节是传播者，对应的是产品设计过程中的设计师。设计师是整个信息编码传递的起点，是传播活动的第一个中心，设计师首先应该对设计的目标产品进行界定，并考虑目标受众，尤其是目标受众的年龄、性别、教育程度、种族、信仰等基本文化信息。传播学的奠基人之一库尔特·卢因于1947年在《群体生活渠道中》把信息的传播者称为"把关人"，"把关人"应该对设计的基本定位进行把关。"把关人"的把关并非个体行为，它要受政治、法律、经济、社会、文化、信息、组织、受众、技术及个人因素的影响。第二个环节是信息，即传播的内容，对应的是设计师在产品设计中形态设计编码的内容。第三个环节是目标受众，即传播信息的接收者，对应的是产品设计的目标用户，是传播活动的第二个中心，与传播者（设计师）形成一种对应关系。第四个环节是渠道，即媒介，包括在产品设计中运用什么手法、包含什么文化内涵、想要传达什么思想，是这一个环节的核心，也是整个传递过程的核心。最后一个环节是传播效果，是评价信息传播好坏的过程。将最后一个环节与施拉姆传播模式对应起来分析，可以说施拉姆的模式解释了形成良好传播效果的基本要求，从产品设计的信息编码进行评价，就是在产品形态设计过程中，只有设计师的知识与用户知识形成最佳耦合关系，才能保证最佳的传播效果。

后人在拉斯韦尔"5W"模式的基础上，不断地进行完善和总结并将其应用于多个领域，逐渐形成了一套"5W1H"的分析方法，也被称为六合分析法，即Who（何人）、What（何事）、Why（何因）、When（何时）、Where（何地）、How（何法）。"5W1H"作为一种分析方法，在不同领域中，因其运用对象的不同而存在理解上的差异性。应用于产品设计中的"5W1H"设计分析方法的内容构成如图3.21所示。

作为设计师来说，"5W1H"的设计分析方法采用换位思考的设计理念，让设计师站在产品使用者（用户）的角度，以用户的视角、思维方式、接受问题的能力来进行设计问题的分析。其本质是自上而下的信息加工方法，通过分析产品用户的需要、动机、期望、意志和信念，了解消费者自身所具有的知识、记忆等信息，来设计出满足特定用户、特定环境、特定需求的产品，实现设计与用户之间的耦合最大化。

图3.21　产品设计中"5W1H"设计分析方法的内容构成

Who（何人）。与拉斯韦尔"5W"模式中传播者（信息发出者）不同的是，在设计分析中的Who，应该理解为受众（目标产品的用户、使用者）。分析产品的使用者时，应"以用户为中心"，站在用户的角度考虑问题的基本要求，在设计中对用户身份、性别、教育程度、种族、信仰等基本情况的分析，是进行准确设计定位的前提和基础。

What（何事）。这是了解产品使用目的的基本要求，产品形态设计是艺术与技术的结合。换而言之，产品形态设计是在特定需求基础上的造型设计，归结为实用艺术的范畴，这是区别于纯艺术设计的基本点。设计在造型和文化内涵上的设计、创意不能脱离特定用户对产品的基本功能需求。

Why（何因）。这是与 What（何事）密切相关的，做一件事、解决一个问题的方法有多个途径，为什么要做这样一个产品来解决这个问题，能不能换成其他的思路做其他的产品，多问一些"为什么"是寻求多解和最优解的有效和必要手段。

When（何时）。即在什么时候使用这一产品，而在其他时间用不用、能不能用，这是考虑产品通用性或特定使用环境、时间等特殊使用需求的分析要素之一。

Where（何地）。即指产品的应用场合。同样一个产品，其功能和用途相同，但因其使用者不同、使用场合不同而需要在设计上考虑不同的形态、体现不同的文化内涵。因此，结合使用者和使用场合进行设计分析，是保证产品可用性的必然要求之一。

How（何法）。即在提出了若干需要解释和解决的问题之后，寻求问题的答案，在众多答案中寻求最优解，或者不断地通过迭代实现最优解的过程，这是设计的最终目标。

"5W1H"从五个维度提出设计需要考虑分析的具体问题，站在用户的角度，以用户的视角来分析和解决每个维度的具体问题，并运用头脑风暴的方法拓宽视野，以针对每个特定问题去寻找答案。这就是"5W1H"解决设计问题的基本思路（表3-2）。

表3-2　产品设计中"5W1H"设计分析模型

	产品现状	为什么	能否改善	该怎么改善
对象（Who）	为谁做	为什么为他做	别人能否用（专用还是通用）	应该满足哪些使用人群
目的（Why）	什么目的	为什么是这种目的	有无别的目的	应该是什么目的
内容（What）	什么要求	为什么有这些要求	还能否满足其他要求	到底需要满足哪些要求
场合（Where）	在哪里用	为什么在这里用	能否在别处用	应该满足哪些使用环境要求
时间（What）	什么时间用	为什么这个时间用	能否在别的时间用	应该满足哪些时间要求
方法（How）	如何解决上述问题	为什么用这种方法解决	有无其他解决方法	应该用什么方法

表3-2解释了运用"5W1H"进行设计分析的基本思路。对于设计目标尤其是已有

产品的改良设计，从产品现状的角度出发对现有产品进行分析，可以找到现有产品的优缺点。产品的改良设计首先对现有产品优点进行继承，然后对缺点进行改进，即整合优点、改掉缺点，就能够使产品在设计上获得进步。通过五个方面的现状分析，并结合针对这五个方面的进一步探究（为什么），来发现改进的角度（能否改善），寻找改进的机会（该怎么改善），就能实现满足用户需求的产品设计。"5W1H"作为一种设计分析的方法，适合于产品设计的全部维度，当然，产品形态语意的设计也包含其中。

任何一件优秀的设计作品都可以通过"5W1H"的分析方法来分析其设计的基本思路，从而体现其设计中所蕴含的文化性，并更好地体现其设计的针对性。如图 3.22 所示的是某品牌的刀具架设计，也可以运用"5W1H"的方法进行设计分析，如图 3.23 所示。该设计设计过程中充分考虑了刀具架的使用环境（Where）、使用目的（What）、使用者（Who）、安全需求（Why）、使用时间（When）等因素。刀具架需要考虑应有的安全性、警示性等需求，因此从产品形态语意设计、用户对产品的人机需求等角度进行了设计，既考虑了使用的便利性，又强调了产品安全性，尤其是红色的运用，通过警示色充分传达了刀具潜在的危险性信息，而这也是一般刀具架设计中容易忽略的重要因素。因为设计对产品要素的考虑充分，符合使用者对设计要素的充分认知，所以这一产品设计从语意角度来说是非常成功的。

图3.22　被刀插中的人——某品牌刀具架设计

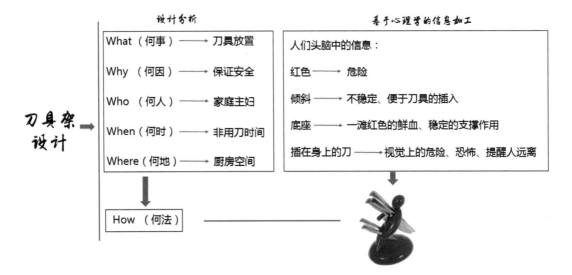

图3.23　被刀插中的人刀具架设计分析

图 3.23 中的刀具架设计运用了象征的编码手法进行产品形态设计，将危险性的警示作为语意传达的主要核心内容，这是对产品具体使用要求进行认真分析的结果，在一般

人的常规认识中，总是认为作为美的形态创造要反映出事物美好的一面。如图 3.24 所示的是一般刀具架的造型设计，在造型设计上考虑了取放刀具方便性的人机需求，但是采用中性的设计手法，没有警示性的考量，而且右侧的刀具架还使用了绿色（冷色、安全色）的配色设计，这种设计与红色小人造型的刀具架相比看上去可能更具美感。但是，从信息加工的角度来说，人们对刀的知识记忆和认识应该是危险、躲避，其需要的动机是对其切割功能的需求，而且使用时必须小心谨慎，红色带有危险性的语意设计更能切合使用刀具时的安全需求。因此，作为美的体现的产品形态设计，美是相对的，是以人的认知和需要为前提的，就像如图 3.25 所示的警示符号设计一样，其图形和色彩的运用是在考虑色彩心理学和人的认知前提下的形态设计，主要目的是运用驱离性的设计达到警示的目的。所以在产品设计中，需要以设计目标和对象特性作为设计的出发点，来真正考虑和对待设计美的内涵。

图3.24　常规刀具架设计

图3.25　危险警示符号设计

好的设计总是能充分考虑使用者的认知水平，使用户能够非常容易且准确地理解产品想传达的信息，这是我们在产品创意设计中应该考虑的重要因素。从消费者的认知能力出发，采用自上而下的信息加工方法，能够适应使用者在看到产品时自下而上地对信息进行获取的过程，形成产品设计编码与用户使用产品时信息解码之间的有效匹配，从而实现设计师在产品设计时信息加工与用户在产品使用时信息加工上的一致性，最终实现产品形态语意设计中的信息耦合。

本章习题

（1）从盲人的生理角度及其信息获取的特点出发，展开头脑风暴，进行一款针对盲人的产品形态设计创意，制作思维导图并进行草图方案设计。

（2）运用"5W1H"方法完成一种日常生活用品的初步方案设计。

第4章
产品形态设计中的无意识

本章要求与目标

要求：了解弗洛伊德的无意识理论；了解冰山理论的基本知识和无意识设计；掌握无意识设计的主要特征、基本思路和方法。

目标：以冰山理论和无意识理论为基础，掌握用户需求获取的方法；查阅资料学习国外设计师尤其是日本设计师在无意识设计方面的理论和成果，理解无意识设计的情感化内涵；能够从语意学、情感需求与精神分析相结合的角度进行产品形态塑造。

本章内容框架

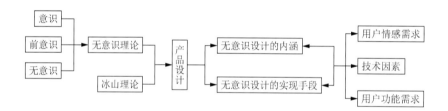

4.1　弗洛伊德的无意识理论

奥地利人西格蒙德·弗洛伊德（1856—1939 年）是 20 世纪著名的心理学家，也是精神分析学派创始人。弗洛伊德开创了潜意识领域的研究，促进了动力心理学、人格心理学和变态心理学的发展，为 20 世纪西方人文学科提供了重要理论支柱。弗洛伊德研究的对象是人，他的研究对于医学来说意义重大，对于研究产品的最终用户（人–产品的使用者）来说，同样具有极强的指导意义。

弗洛伊德的精神分析作为一套成熟的心理学理论，形成了一个完整的体系，其中对产品设计影响最大的是关于意识的理论。弗洛伊德的精神分析理论将人的精神意识分为意识、前意识和无意识三层，在这三者中，他认为无意识最为重要。

4.1.1　意识

在心理学上，意识的概念分为广义和狭义两种。

广义的意识可以理解为大脑对客观世界的反应，是指赋予现实的心理现象的总体，是个人直接经验的主观现象，表现为知（人类对世界的知识性与理性的追求）、情（情感，即人类对客观事物的感受和评价）、意（意志，即指人类追求某种目的和理想时表现出来的自我克制、毅力、信心和顽强不屈等精神状态）三者的统一。人类意识的存在是人主观能动地认识世界、改变世界的基础。意识具有自觉性、目的性和能动性。产品设计创造和使用首先来源于人类"意识"中知、情、意三者的共同作用。

狭义的意识则是指人们对外界和自身的觉察与关注程度，即广义的意识概念中知、情、意三者统一中的意志部分。按狭义的意识在行为中的倾向，意识可分为对外的外在意识和对内的内在意向两种。外在意识是指人们在行为中大脑对外界事物觉察的清醒程度和反应灵敏程度，比如人在睡眠时外在意识水平最低，在注意力高度凝聚时外在意识水平最高。意识的目的性表现为意向，意向是指人们对待或处理客观事物的活动，表现为欲望、愿望、希望、意图等。在产品设计中，意向是个体对目标产品对象的反应倾向，即对目标产品对象期望的准备状态，可以是一种需求倾向。因此，在产品设计中，外在意识表现为用户对产品的认识和接受；内在意向表现为用户对产品的设计需求，包括产品的功能、形态等都需要考虑用户意识驱动下可能的产品需求意向。

概括来说，意识具有主观性、同一性、流动性、能动性的特征。主观性是指每个人的意识世界都是专有的，独一无二的，对每个人来说都格外真实；同一性是指各种知觉形式都被整合成为一个同一的、整体的、独特的、连贯的意识经验；流动性是指意识的内容是不断变化的，从来都不会静止不动（美国的心理学家曾经提出"意识流"这一专业名词）；能动性是指意识具有与环境互动（把经验与现实连接起来，形成自我同一性的基础）和制定目标、引导行为的作用。意识的这些特征都为产品设计（包括功能、形态、材质等设计诸要素）提供了设计约束。

4.1.2 前意识

前意识是意识和无意识之间的中介环节（图4.1），是指人们能够提前预知他人或自己事态的发生及后果的意识。前意识的作用是去除不为意识层面所接受的东西，并将其压抑到潜意识中去。在认知心理学中，前意识是指曾经储存在长时记忆中的信息，但只有在必要情形下进行回忆时才会对其产生意识。

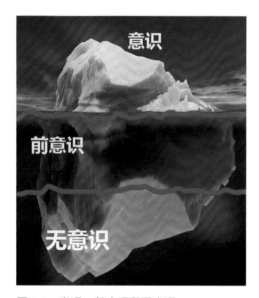

图4.1 意识、前意识和无意识

对于意识、前意识和无意识三者而言，从前意识到意识尽管有界限，但没有不可逾越的鸿沟；无意识很难或根本不能进入意识，而前意识则可以进入意识。换而言之，前意识是需要时就可以意识到的部分，不同于不可发掘又真实存在的无意识，它是一种随着人们的意愿而出现的对于事物的思维和想法。

前意识的存在，作用于产品设计，其目的就是设计某种产品使用户能够产生某种回忆或想法，进而有效地引导用户，体现产品的情感价值。

4.1.3 无意识

在精神分析理论中，无意识也称潜意识。当然，在严格的弗洛伊德术语中，用潜意识的概念来代替无意识是不正确的。弗洛伊德坚决地认为，无意识是完全无法观察和人为了解的。无意识处于精神意识的最深处，是指人类心理活动中不能认知或没有认知到的部分，是人们"已经发生但并未达到意识状态的心理活动过程"。

无意识是无法察觉的，但它影响意识体验的方式却是最基本的。比如，我们如何看待自己和他人，如何看待生活中日常活动的意义，我们所做出的关乎生死的快速判断和决定能力，以及人在本能体验中所采取的行动，都离不开无意识的作用。换而言之，无意识的作用是人类生存和进化过程中不可或缺的一部分。

无意识具有四个特点：一是各种本能冲动并列，如性本能、自我保存本能、死的本能等；二是各种本能是人的心理的一种初始活动，只知满足，无否定性；三是无时间性；四是以心理实在代替外部实在。无意识作为人的动力基础，是人的行为的决定因素，无意识冲动总是力求得到满足且上升到意识领域。如果说人们主动选择所需求的工具类、生活类产品靠的是主动性的意识作用，那么对于更多消费类产品的选择，则可能更多依靠能够从内心深处打动消费者的无意识作用。

4.2　无意识和冰山理论

出于无意识层面的原始冲动和本能，以及之后的种种欲望，因社会标准不容许、得不到满足而被压抑在意识之中，但它们并没有消灭，反而在无意识中积极活动。因此，无意识是人们经验的大储存库，由许多遗忘了的欲望组成。弗洛伊德认为无意识具有能动作用，它主动地对人的性格和行为施加压力和影响。正如著名心理专家郝滨所言："那些没有意识到的无意识，也许会转化成我们的命运。"无意识影响我们职业的选择、结婚的对象、健康的状况，以及我们生活中的每一件事情。无意识"冰山理论"认为：人的意识组成就像一座冰山，露出水面的只是一小部分意识（仅占1/7），而隐藏在水下的是绝大部分（占6/7），水下部分（无意识）对其余部分产生了重要影响。

与无意识冰山理论相对应的是，美国著名的心理治疗师和家庭治疗师维吉尼亚·萨提亚运用隐喻的手法，提出了家庭治疗中的冰山理论（图4.2）：一个人的"自我"就像一座冰山一样，人们能看到的只是表面很少的一部分——行为，而更大一部分的内在世界却藏在更深的层次，不为人所见，恰如冰山。"自我"的冰山包括行为、应对方式、感受、观点、期待、渴望、自己七个层次。

萨提亚的冰山理论与弗洛伊德的无意识理论是一种呼应的关系，萨提亚运用冰山理论进行心理治疗。产品设计师如同心理治疗师一样，通过优秀的产品形态设计在传达产品形态美、功能美、结构美的同时慰藉人的心灵，唤起人的情感共鸣。

在萨提亚的理论中，从上到下一共七个层次，第一层是处于水平面之上的显性的行为，是能够被外界看到的行为方式，第二层到第七层是暗藏在水面之下更大的山体，是长期压抑且被人们所忽略的"内在"。揭开水面下的冰山的秘密，人们会看到生命中的渴望、期待、观点和感受，看到真正的自我。第二层的应对方式可以表现为人的应对方式，包括讨好、指责、超理智、打岔和表里一致；第三层是感受和感受的感受，人的感受包括喜悦、兴奋、着迷、愤怒、伤害、恐惧、忧伤、悲伤等，而感受的感受是指人为什么会有这种感受（即感受的缘起）；第四层的观点是指人的信念、假设、预设立场、主观现实、认知、想法、价值观等；第五层的期待包括对自己、对别人及来自他人的期待；第六层是人的本能（如爱、接纳、归属、创意、联结、自由等）和渴望（是人类共有的，如被爱、被认可、被接纳、有目的的、意义、自由）；第七层的自己是对生命本源的追问（我是谁），是关乎生命力、精神、灵性、核心、本质的内容。

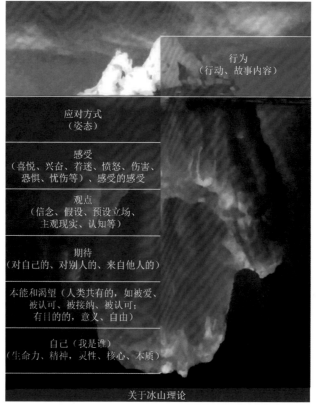

图4.2　萨提亚的冰山理论模型

　　现代产品设计注重和强调"以用户为中心"的设计原则及用户体验的设计策略，落实到操作层面其本质就是以冰山理论的七个层次为参照，如图4.3所示。也就是说，针对设计目标，让产品的最终用户站在"个人行为"的层面上，尽可能清晰地针对设计目标感觉当下困扰自己的问题；让目标用户走到"感受"上，说出自己的感受；让在"感受的感受"层面的用户获取需求，了解产生这种感受的根源，进而提出自己的期待和渴望。而设计师在获取这些用户需求的基础上，针对存在的问题逐一进行破解，寻找到设计的最优解，最终实现满足用户情感和功能需求的产品设计。

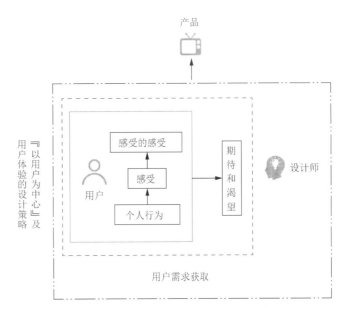

图4.3　基于冰山理论模型的产品设计策略模型

从无意识和冰山理论角度出发的产品设计步骤不是固定的，但最终目的是要达到冰山理论的最底层——"自己"的层面。由于冰山理论"以用户为中心"的设计核心是从用户体验的角度出发，所以设计师在了解问题产生根源的基础上，根据用户内心深处的情感需求做出设计最优解的最佳选择。在设计过程中，鼓励设计师将注意力转向解决用户情感需求的内在过程，而不是只关注内容和结果，要把用户隐性的、隐藏的观点、信念、感受和期待转化为产品形态设计的依据。

4.3　产品设计中的无意识设计

4.3.1　无意识设计的内涵

无意识设计又称为"直觉设计"，最早由日本著名产品设计师深泽直人提出，讲究将无意识的行为转化为可见之物。无意识设计在产品设计中更关注细节和产品所蕴含的感情，注重把人们生活中无意识的细节转化为产品的功能和感情形态。

无意识设计的核心是从人出发，与冰山理论相对应，在设计中从用户的行为逻辑、心理逻辑进行用户研究，通过对用户的心理、情感分析设计出产品的物理逻辑。如图 4.4所示的是深泽直人设计的带凹槽的雨伞，这种雨伞与普通雨伞的唯一不同就是在伞把上有一个凹槽。这一看似简单的设计细节，其实还原了用户的行为、感受，从无意识的角度来看，满足了用户的期待和渴望。带凹槽的雨伞的用户可以是老年人，因为许多老年

图4.4 带凹槽的雨伞（深泽直人 设计）

图4.5 纸篓打印机（深泽直人 设计）

人习惯在走路时用雨伞代替拐杖，当他们在拎着东西时，就可以把东西挂在凹槽处，从而达到节省体力的目的。深泽直人的大量无意识设计作品都是在产品功能形态上做了一些细节的改变，这些不经意的细节忽然间就让这些产品变得十分合人心意。

米德莱顿评价深泽直人说："他相当激情地将工业设计和互动设计融合得天衣无缝，想法既简单又神奇，而他的关注点在于创造的事物与周围的环境相和谐。"以深泽直人为代表的无意识设计从本质上来说，是根据人的第一直觉反应来做产品的细节设计，如图4.5所示的是深泽直人为EPSON公司设计的纸篓打印机。深泽直人设计的纸篓打印机的出发点不是单纯优美的外形，而是考虑了打印机的使用环境、用户的使用习惯和行为，比如在打印资料的时候往往不止打印一张，而是经常打印出很多张，在选择打印好的文件的同时可以把其他打印坏的纸张扔掉。基于这样的用户场景，深泽直人在设计中将打印机的支架底部直接设计成一个纸篓，这样在使用时就能够方便地在选择满意的打印作品的同时，把不满意的纸张随手扔掉。

设计是为了满足人的某种生活需求，而非改变；设计是为了方便人的生活方式，而非使其变得复杂。好的设计必须以人为本，注重人的生活细节，方便人的生活习惯。在工业设计高度发达的今天，优秀的设计并不是否定约定俗成的东西，并不是一味地追求用自己的思想去创造某种新的生活方式，而是在自然而然中满足人的生活习惯，顺应自然。很多设计是通过某些看上去独树一帜的设计去追求所谓的美和功能，但却在无形之中加重了人们的"适应负担"。

正如冰山理论所指出的，人的感受、观点、期待和渴望是在水面之下的，是不被直接察觉的，是无意识层面的。无意识设计正是通过细节的设计，来满足人的无意识层面的生活和情感需求。就像深泽直人设计的带凹槽的雨伞和纸篓打印机一样，通过对生活中人的某些"无意识"的生活细节的关注，设计出能够使人、物和环境完美和谐的产品。

弗洛伊德认为无意识的内在冲动是文艺创作的动力，同样，基于无意识理念的设计思路对"以人为本"的产品设计具有较强的推动作用。不仅如此，在处理无意识的本能冲动和欲望时，艺术家或设计师与精神病人遵循同样的法则。弗洛伊德说："艺术家也有一种反求于内的倾向，和精神病人相距不远。他也为太强烈的本能需要所迫使；他渴望荣誉、权势、财富、名誉和妇人的爱；但他缺乏求得这些满足的手段。因此，他和有欲望而不能满足的任何人一样，脱离现实，转移他所有的一切兴趣，构成幻念生活中的欲望。"反过来说，好的文艺或设计作品，同样能唤起受众无意识内的欲念，引起了他们的共鸣，从而获得成功。

4.3.2　无意识设计的实现手段

从认知心理学的角度分析，无意识设计从分析和考虑用户内在的、隐性的心理和情感需求出发，进行满足用户需求的细节设计，符合用户自下而上的信息加工过程，能够通过模板匹配、特征分析和原型匹配等方法唤起用户潜在的需求共鸣，使产品形态具有了更加丰富的语意。从产品形态设计的角度分析，无意识设计建立了语意学、认知心理学、精神分析学三者之间的联系，如图4.6所示。从无意识设计实现的角度分析，设计师不仅需要从弗洛伊德精神分析学的角度考虑用户潜在的情感需求，而且需要从心理学的角度出发，实现从用户认知心理学到设计师设计心理学的转化，实现从语意学角度来说更加丰富的产品功能形态语意，最终完成满足用户需求的无意识设计产品。

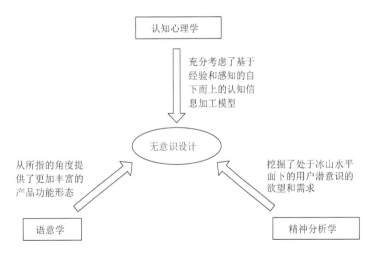

图4.6　无意识设计对语意学、精神分析学和认知心理学的桥梁作用

如图4.7所示的是深泽直人设计的鞋底手提包，与之类似的是如图4.8所示的美国NIKE公司出品的AIR JORDAN 11鞋底背包。从产品形态语意的所指角度分析，鞋底背包设计直观地表明了手提包或背包可以像鞋一样站在地上，明示使用者可以不用考虑地面是否会把包底部弄脏。从认知心理学角度来说，根据使用者的经验和感受，鞋是用来保护足底的，是用来与地面进行接触的，可以使人方便地站立、轻松地行走。从弗洛伊

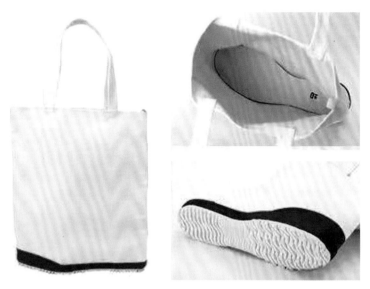

图4.7　鞋底手提包（深泽直人 设计）

图4.8　AIR JORDAN 11鞋底背包

德精神分析的角度分析，当使用者在手提或肩背包乘坐交通工具或者休息时，想把包放在地上却担心包底部弄脏，这时在潜意识里就有减轻负担把包放在地上的渴望和期待，而如何满足用户这一需求就成为设计师努力的方向。无意识设计正是考虑到了用户手提包或背包除储物之外的深层次情感需求，将包和鞋底这两个看似不相干的主体进行了有机结合，通过考虑人、物和环境的相互协调问题来进行产品的功能形态塑造，从而减轻了使用者的心理负担，同时也避免了手提包或背包因重心不稳而东倒西歪的使用尴尬。

无意识设计首先是从用户隐性情感需求出发的，其功能、结构、材质的运用都是为满足用户内心深处非直接情感诉求服务的。无意识设计以用户的心理要求为出发点，通过用户心理与相关环境行为的互动分析，过渡到产品功能、形态、材质、结构、工艺等的物理属性研究和确定。除了满足产品语意的能指属性之外，其设计语言的特定所指更加丰富和情感化。

1．功能可供性（Affordance）

正如我们所分析的，无意识设计的本质是以用户为中心的，而在实现这一目标的手段上，无论是唐纳德·诺曼，还是以深泽直人为代表的无意识设计的产品设计大师，都采用和发展了功能可供性（Affordance）的理念。

功能可供性原本是知觉领域的一个心理学概念，它认为人知觉到的内容是事物提供的行为可能而不是事物的性质，而事物提供的这种行为可能就被称为可供性。功能可供性可以简单地理解为事物的一种可能的意义，其描述的是环境属性和个体发生连接的过程。美国心理学家詹姆斯·吉布森在1977年最早提出功能可供性的概念。吉布森认为，可供性是独立于人的物体的属性，但与每个人的能力又密切相关。1998年，唐纳德·诺曼将功能可供性的概念运用到人机交互领域，与吉布森的区别在于，唐纳德·诺曼更强调一定情境下可以被知觉到的功能可供性所具有的意义，它不但与个人的实际能力有关，而且还会受到心理的影响。

功能可供性是产品的属性之一。例如，钥匙具有两类基本的功能可供性：权力上的可供性和物理属性带来的可供性。权力上的可供性是指钥匙可以打开和锁上门锁，此可供性来源于钥匙和锁的匹配；而物理属性带来的可供性是指钥匙的形状、重量等物理属性带来的可供性，如用户可以将钥匙作为工具使用来划开包裹上的胶带，尖头的钥匙有时可以替代螺丝刀拧开螺丝等。从认知心理学的角度来说，产品的何种属性会被用户知觉而成为可供性与产品的物理能力密切相关，也就是说，产品的可供性与特定的用户有着密切的关系。美国布朗大学威廉姆·沃伦在1984年的研究中为解释这一点提供了一个爬楼梯的例子：同样高度的楼梯，对于成年人来说，楼梯有着供其爬上去的功能可供性；然而，对于只会在地上爬的婴儿来说，这种功能可供性并不存在。与之类似的，对于一个无法将钥匙插入钥匙孔中的婴儿来说，钥匙并不具备开锁的功能。因此，个体的目标、期望、计划、价值观等心理属性也会影响用户对可供性的知觉。只有当用户需要拆包裹的时候，才会将钥匙作为锯齿刀来使用；同样，如果手边有螺丝刀，可能没有人会意识到可以用钥匙的尖头作为螺丝刀的替代工具。

功能可供性说明了在产品的功能形态设计中对特定用户的认知和心理预期、使用环境等综合考虑的必要性。从产品语意学的所指角度来说，功能可供性有可能会扩大产品的所指范围，从而为产品提供更加丰富的语意。以深泽直人等为代表进行的无意识设计，正是在深入探讨和学习功能可供性的基础上，通过用户潜在的、无意识层面的情感分析，运用巧妙的构思、判断，实现了更加有价值的设计。

2．客观写生

与从物（产品）的角度发现问题不同的是，无意识设计师从人（用户）的角度来发现问题，从用户的潜在心理需求层面进行设计问题的剖析和解决。

基于用户潜在心理和情感需求的无意识设计，首先是对使用者行为与心理意识的深入观察体悟，其本质是移情设计。移情设计强调用户体验，尤其是在寻找设计理念和设计驱动力比较模糊的设计前期，理解产品能够被用户所体验的所有可能性，以获得对未来用户的移情理解。尽管无意识设计、移情设计等各有自己的理论基础和设计方法论体系，但其本质指向都是获得用户的情感认可。

无论移情设计还是无意识设计，在寻找目标用户情感认同及产品与用户体验"贴合"的途径上，都必须深入体会用户的客观心理感受（潜在的、无意识的情感需求）。日本著名俳句诗人高滨虚子在《俳语之道》中提出了"客观写生"这一艺术理论术语，后来被深泽直人等设计师用作无意识设计的重要设计理论。产品设计如同艺术写生一样，离不开主观和客观，但无论是艺术还是设计，都既不是创作者、设计师的凭空臆造，也不是现有事物或情境的"客观还原"。对于无意识设计而言，"客观"能够反映用户内心深处的无意识存在，"写生"则是在遵循客观的基础上设计师对用户无意识地打散和重构。

绘画艺术上的写生，是指以实物为观察对象直接加以描绘的绘画方式。写生不仅是绘画水平提升的重要过程，而且其本身也是一种独立的艺术创作形式。写生与艺术家的主观创作不同，写生以所见自然现象为对象，但并不是所见的简单再现，而是根据艺术判断、构思进行取舍，是在面对自然时所产生的感悟与情感的艺术再现。即使面对同一种自然景象，作为审美主体的创作者可能因个人阅历和审美习惯的不同，或某时、某地的心境变化，而对同一种自然景象产生不同的艺术表现。塞尚说："人们无须再现自然，而是代表着自然……在我的内心里，风景反射着自己，人化着自己，思维着自己。我把它客体化，固定化在我的画布上。"写生首先是肯定现实世界的真实性，其次是对自然意境的取舍和艺术加工，通过对客观景象的重构完成创作，达到一种艺术真实。

无意识设计的"客观写生"就如同绘画的写生，是对客观无意识的重构设计过程。"客观"是指感知层面的用户精神心理，无论是仿生设计还是考虑用户期待的无意识感受的表象化，其本质依据都是用户内心深处隐性期待和集体无意识的原始意象。如图4.9所示的是日本当代无意识设计代表人物之一村田智明设计的 Bagel（百吉饼，硬面包圈）卷尺，这一设计通过对人们在捏住物体拽线时的习惯动作这一客观进行描摹，在设计上将卷尺中部进行了中间下凹的形态设计，使用户在使用卷尺时能够方便地捏住卷尺的尺盒拉出尺条。Bagel 卷尺的设计体现了无意识设计在对用户的下意识使用习惯进行灵感转换时所表现出来的客观性。另外，无意识设计中的"客观写生"同样也遵循了绘画写生中的重构和创作理念。客观不是简单地反映用户的客观意向，其中必然带有设计师自身的主观倾向。设计师通过对用户感知的精神分析和下意识（或集体无意识）的客观描摹，需要转化为具体有形的产品功能形态，而满足用户这种下意识（或潜意识）的功能形态不是唯一的，满足其特定功能、情感需求的形态美感是在设计师的主观塑造下完成的。因此，这种客观的有形化，离不开设计师的写生重构能力、个人气质倾向、人文素养，以及设计师所处的时代、技术现状等诸多因素。

同样是 Bagel 卷尺设计，韩国设计师 June Park 设计的卷尺（图 4.10）被称为"世界上最智能的卷尺"。该卷尺同样采用了类似村田智明的手捏模式，但结合了智能化、信息化的技术，提供了细线测量、激光测量、滚轮测量、数字显示、语音记录、手机 App 智能交互等不同智能化的信息处理功能，在考虑用户对测量工具使用的感受、期待与渴望的基础上，通过无意识设计手段的拓展应用，满足了用户的更多使用情境需求，体现了人、物与使用环境的和谐统一。在尊重用户"客观"感性需求的基础上，通过艺术化的"写生"重构，体现了产品设计的深层次内涵。与日本设计师崇尚"简约"不同的是，韩国设计师的作品更加科技，既考虑了用户的操作习惯，又提供了技术上的更多可能性和先进性。

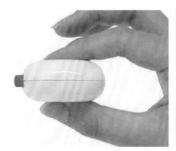

图4.9 Bagel卷尺（村田智明 设计）

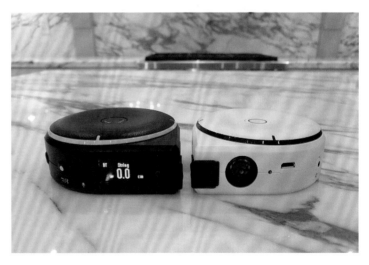

图4.10 Bagel卷尺（June Park 设计）

韩国设计师的作品在对用户无意识的客观研究方面，探究了用户的产品使用习惯和原有的生活场景。如图 4.11 所示，在服装设计等特定环境下测量人的身体尺寸时，一般使用的是左图展示的柔性非金属材质的软尺，试想一下如果使用市场上常见的金属卷尺，对于用户，尤其是给人以柔弱感觉的女性而言，一定是一件非常不可思议而且略带危险性的事情。

图4.11　Bagel卷尺设计的用户需求基础

　　如图 4.12 所示，基于无意识理念的智能 Bagel 卷尺设计，充分考虑了用户在测量身体尺寸等特定情况下的潜在感性需求，在卷尺尺条的设计上使用了柔性材料；在尺寸显示方面，配合数字化测量技术，采用数字屏幕显示方式，给人足够的使用安全感和操作的便利性。智能 Bagel 卷尺还集成了激光测量技术，满足不适宜单人手动的长距离测量使用场景。对于曲面或不规则形状物体，智能 Bagel 卷尺可以采用滚轮测量的方式，滚过物体表面就能测量，再奇怪的表面都不怕，如图 4.13 和图 4.14 所示。传统的卷尺只能完成测量的动作，而智能 Bagel 卷尺支持数据存储卡，能帮助保存测量的数据，并通过蓝牙方式连接手机，将测量所保存的数据发送到手机相应的 App 上（图 4.15），方便数据的存储和管理。智能 Bagel 卷尺还具有录音功能，用户通过录音孔为数据添加语音备忘，比如"这是冰箱门的宽度"，录制的语音还可以自动转换成文字。集成了多种功能和考虑了不同使用情境的智能 Bagel 卷尺，颠覆了人们对传统的卷尺和普通测量工具的认知，为用户带来了良好的用户体验。

　　抛开设计上的差异性来说，这两款不同的 Bagel 卷尺的设计，尤其是韩国设计师的智能 Bagel 卷尺，所采用的技术和设计理念充分考虑了用户的使用体验和不同的使用情景，在满足用户需求的同时能够带来良好的用户体验，使用户与产品形成良性互动。这种结合新技术的无意识设计，一方面体现了无意识设计对用户感知的客观反映，另一方面也体现了无意识设计中"客观写生"所蕴含的设计师的主观意念对产品设计创新的现实性和重要性。

图4.12　Bagel卷尺的柔性尺条和数字显示设计

Specifications

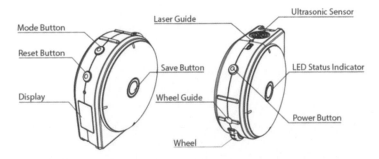

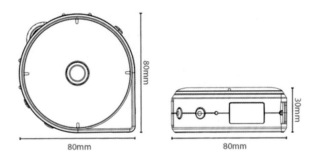

图4.13　Bagel卷尺的基本形态和功能设计

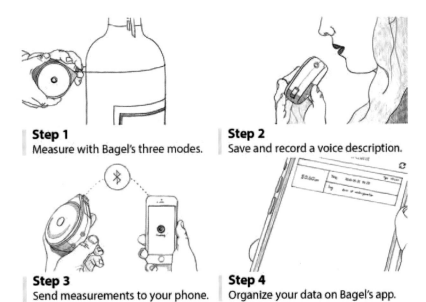

图4.14　Bagel卷尺的使用场景分析

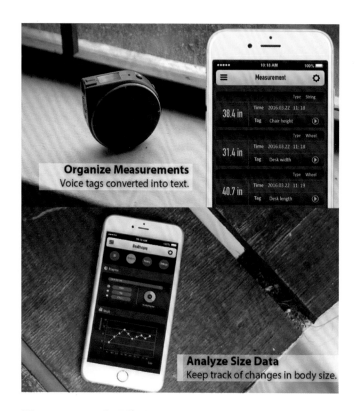

图4.15　Bagel卷尺的手机App

3．寻找关联

　　在无意识设计中，产品、人和意识三者构成了设计的主体。产品是设计目标；人是产品的使用者；意识（或感知）是无形的，在产品设计中是隐性的，但作为联系物（产品）和人（用户）的桥梁却是无意识设计中的决定因素。

　　客观写生是从用户意识的角度出发，使产品与用户的意识相匹配，属于典型的自下而上的信息加工方法。除此之外，后藤武和深泽直人等日本无意识设计大师在《设计的生态学》一书中还对"寻找关联"进行了研究和探讨。"寻找关联"（Found Object）也称为重层性，是指日常生活中已经被固化和图像化的事物认知，通常已经被赋予了共通的行为属性。在设计中，将图像化的形象运用于新的物品设计上，可以暗示目标产品新的功能或意义。通过产品间的形象嫁接，可以使原有形象与新的产品产生功能或情感关系，实现关联设计。从认知的角度来说，寻找关联与客观写生相对，属于自上而下的信息加工方法。如图4.7所示的鞋底手提包和图4.8所示的鞋底背包设计就是将鞋底的功能嫁接到了包上，完成了包和鞋底的设计关联，实现了包的使用功能和方式的拓展。

　　如图4.16所示的是日本无意识设计师大治将典设计的支架。三根穿插的木条构成放置蒸锅的支架，简洁形象的造型很容易使人联想起燃烧的篝火，自然而然地就把支架和滚烫的蒸锅联系到了一起。通过关联，有助于在实现支架单纯的支撑功能之外，更深层次地蕴含关于"烫"和"躲避"的提醒功能。

图4.16　支架（大治将典 设计）

在无意识设计中，寻找关联就是从产品重层性的方面进行事物可关联属性的设计附着，其目的有两个方面，即物质的和精神的，如鞋底手提包和鞋底背包的关联提供了使用上的物质功能，大治将典的支架设计体现了关联事物的精神功能。无论是物质的还是精神的，寻找关联的出发点都是用户对产品潜在的期待，如图 4.17 和图 4.18 所示的手机周边产品设计。图 4.17 是日本设计师村田智明设计的 Haku iPhone 4 手机壳，通过采用只有 0.5mm 厚的钛和镜面不锈钢两种可选材质，以及特殊的防手印涂层技术，为手机提供防摔保护。作为典型的日式简约风格设计，除了在功能上满足用户防摔的无意识需求之外，其精美和艺术感所提供的精神功能也是非常明显的。与之不同的是，图 4.18 是现在比较常见的手机背夹充电宝设计。背夹充电宝的作用有两个：一是作为手机壳，对手机具有保护作用，但这一作用显然是次要的，相对于增加手机重量带来的不适，其保护功能价值明显抵消了；二是作为充电宝，其功能是最为重要和明显的，因为在人们离不开手机的现代社会，附带续航功能的充电宝成为手机的必备伴侣。在设计师进行无意识设计、寻找关联的过程中，把手机充电宝作为手机的附着物进行一体化设计，解决了连线充电宝手握不便的困扰，极大地满足了特定使用环境下由意识需求所决定的"人"和"物"的关系处理。

图4.17　Haku iPhone 4手机壳（村田智明 设计）

图4.18　华为手机背夹充电宝（图片来源于网络）

　　功能可供性、客观写生和寻找关联都是无意识设计实现的手段，当人为对设计方法进行分类的时候，实际上设计师并不可能教条地进行理论与实践的对照设计。实际上，设计的目的是解决问题，对照问题的设计展开过程可能融合了不同的理论和方法，并最终指向了用户需求的靶心。如图4.19和图4.20所示的是两个婴幼儿产品的情感设计。图4.19是可以提供父母座椅的婴儿床设计，座椅的靠背与婴儿床的围挡部分合二为一，为父母照料婴儿时提供了坐具，同时打开了围挡，当合在一起时，又强化了安全和保护的功能。这一设计是从用户的潜意识出发，通过客观写生的设计手法实现了婴儿床的可用性功能创新设计。图4.20是与之类似的另一个婴儿床设计，但在这一设计中，不是从意识出发的，而是从物（产品）的维度，从功能可供性的角度进行了成长型产品设计。婴儿床的使用者是婴儿，婴儿产品只是一个阶段性产品，在特定的家庭单位中，随着婴儿年龄增长，用户会消失，而这一产品的功能可供性便不存在了，产品就变得无意义。这也正是绿色设计理应面对和解决的问题，需要从功能可供性的角度，通过采用寻找关联的设计方法，把婴儿床和摇椅这两个看似不相关的事物联系到一起。当孩子还小的时候，这就是婴儿床，当孩子渐渐长大并离家，婴儿床就成为陪伴成人看书、休闲的一对摇椅，既满足了功能需求，又给人留下了美好的回忆，也是对人潜意识中情感寄托的一种满足。

　　正如图4.20所示的双人椅婴儿床设计一样，在无意识设计中，作为"以用户为中心"理念和强调"用户体验"指导下的设计方法，在注重用户情感需求的同时，很多时候也体现出了绿色可持续的理念。这样的设计案例很多，如图4.21所示的百变婴儿床设计也体现了同样的设计思想。

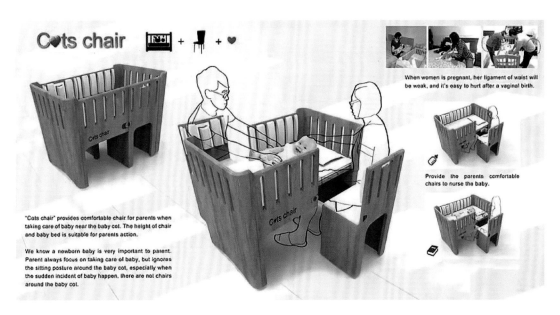

图4.19　Cots Chair父母对坐婴儿床（图片来源于网络）

图4.20　双人椅婴儿床（图片来源于网络）

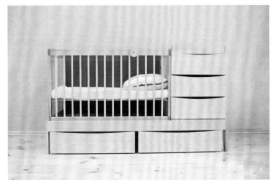

图4.21　百变婴儿床（图片来源于网络）

产品无意识设计区别于单纯审美造型的设计和机械性功能造型设计，是以用户的潜在情感需求为基本出发点的功能形态设计。无论是功能可供性、客观写生，还是寻找关联，基于意识的情感化设计的基本实现思路都可以概括为如图 4.22 所示的简图。在无意识设计实现中，设计师是实现用户和产品沟通的桥梁，产品需要提供各种功能（此处专指物质功能）可用性和情感（精神功能）可用性，以满足用户的各方面意识需求，而实现两者沟通的途径就包括产品向用户提供的功能可用性和寻找不同产品形态能够与用户建立的关联关系（寻找关联），以及通过用户意识写生所决定的产品形态（客观写生）。

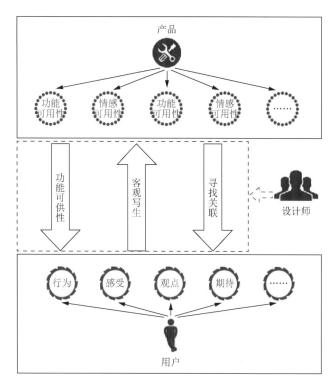

图4.22　无意识设计实现简图

4.4　无意识设计的语意学分析

任何一件有形的物品，从语意学的角度来看，都包含能指和所指两个维度的符号学属性。但不同产品造物的出发点是有所差异的，既有从单纯审美角度出发的艺术品设计，也有从单纯功能性角度出发的机械产品设计。而现代工业设计，强调的是艺术与技术的结合，是在满足技术功能要求的基础上赋予产品艺术美感的可用性设计，其对产品的要求是多维的、丰富的。

无意识设计，尤其是以日本现代工业设计师深泽直人、仓俣史郎、原研哉、佐藤大、村田智明、大治将典、铃木康广、坪井浩尚等所倡导的极简主义风格无意识设计，其设计的出发点是从人的意识出发，在实用中体现产品的功能美、精神美。日本的无意识设计体现的是简约美，与日本的简约（极简主义）风格相似，北欧的设计也是一向以简约著称的，但如果对两者进行对比，会发现它们之间既有共性又有差异。

从共性的角度分析，日本和北欧的简约风格首先是外观的简洁，其表象是用尽量少的材料、资源、元素进行产品设计，追求简洁的造型和更少的装饰，直观上表现为更加简洁的形态。在色彩上，北欧更多采用冷色调和灰色调（就像当下流行的莫兰迪色），日本则更多采用冷静柔和的白色。北欧和日本的简约风格都是以追求更加好用为初衷，最终都归结于功能的实用性。这种简洁，在形态上表现为简单的线条、更少的装饰元素，重视功能和空间组织的协调性。如图 4.23 所示的是芬兰著名设计师阿尔瓦·阿尔托设计的帕米奥椅。帕米奥椅的设计对象是一家名叫"帕米奥疗养院"的结核病医院，医院为了让患者们能够多花些时间在疗养院的阳台上休闲、调养，于是在设计这款椅子时特别强调了长坐的舒适度。椅面采用一整块桦木胶合板压制成型，因为结构强度的需要，塑造成卷轴形态，可坐可倚，同时柔和的曲线给人带来亲切感。从实用的角度分析，日本与北欧的简约风格是一致的，是以用户对产品的功能使用需求为第一要务的。

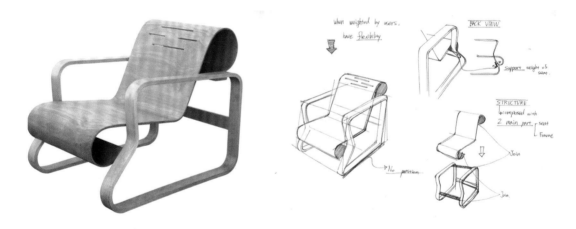

图4.23　帕米奥椅（阿尔瓦·阿尔托 设计）

从差异的角度分析，北欧的简约风格相对于日本的设计色彩来说更趋于多元，除了冷色基调和大面积黑、白、灰的运用，也会采用大面积的亮色形成视觉冲击，如图 4.24 所示；而日本的简约设计，色彩是严谨、克制的，更多是白色、灰色和材质原色的运用，追求整体的协调统一。从造型上来看，北欧的简约风格注重实用而非装饰，但并没有典型的符号特征，更具包容性，展示着外向和面向所有人的精神气质；而日本的简约风格则更具内敛和空寂，更多关注人的内心，带有东方的禅意色彩，如图 4.25 所示。北欧的简约风格源于对自然环境及传统工艺的继承，是为了满足机器生产便利性的工艺要求，是理性的、技术的，其核心是功能主义；而日本的简约风格是内省的、意识的，通过对精神层面的强调，着眼于日常生活的设计。

图4.24　北欧风格家具及室内设计

图4.25　日本风格家具及室内设计

　　正是由于日本简约风格设计的感性特征，使得以简约为主的日本无意识设计具有丰富的符号学特征。从日本的无意识设计拓展到以精神功能满足为出发点的现代产品设计，从语意学的角度分析，基于无意识的产品设计，其能指和所指的丰富内涵分别体现在情感需求、功能满足和技术因素三个方面。在这三个方面中，无疑情感需求是基础，功能满足是目标，技术因素是保证，三者既相对独立又互为支撑。

4.4.1　情感需求层面的语意学关系

　　无意识设计产品以情感需求为出发点，表现为精神层面或物质层面的功能满足，它与无差别性纯物质功能需求不同的是，无意识设计的产品目标对象是明确的。它同样是"以用户为中心"的设计，以用户的需求为出发点。北欧的设计风格摒弃无谓的装饰，显示出质朴的功能性，未附加太多的感性情感因素；而以日本为代表的无意识设计，则是从用户的潜在情感需求出发，其本质是通过产品来建立人与物之间的情感关系沟通。

　　构成人类意识的知识是来源于经验和感知的，从符号语意的角度来说，无意识设计中产品形态的情感需求因素表达就是实现构建用户潜在精神情感与可感知的设计形态符号转化的过程。无意识设计按照用户感知和经验的思维逻辑，运用符合用户身份的认知设计方法，实现满足用户情感需求的产品设计。无意识设计的外在形态设计的重要因素是基于用户的情感认知需求。

　　如图 4.26 所示的分别是法国设计师菲利普·斯塔克的外星人榨汁机和日本设计师坪井浩尚设计的站立的雨伞。从语意学的能指和所指角度分析斯塔克的外星人榨汁机，能指是榨汁机，所指是具有未来科幻感觉的外星人抽象形象，这一产品作为审美设计的典型代表，其审美艺术语言的运用是被人们追捧的重要原因，但这一精神性并非等同于特定人群的潜意识需求。与之对应的坪井浩尚设计的站立的雨伞，能指是可以独立站立的雨伞，所指则是对用户在雨天因为湿淋淋的雨伞无法随意放置所产生苦恼的巧妙解决，设计的出发点是基于用户生活中现实苦恼的存在，是对其潜在期待和欲望的有效解决。无意识设计对用户的情感需求发现基于设计师对用户生活经验的体悟，是设计中"换位思考"的结果。图 4.27 是与站立的雨伞设计理念相似的雨伞设计，这一设计解决问题的出发点也是源于使用者生活中的不便引起的潜在产品期望。

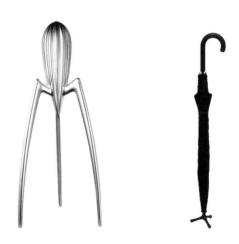

图4.26　外星人榨汁机（菲利普·斯塔克 设计）和站立的雨伞（坪井浩尚 设计）

图4.27 基于用户情感需求的雨伞设计（图片来源于网络）

如图 4.28 所示，李剑叶设计的"爱你五百年"戒指取材源于 1995 年周星驰主演的电影《大话西游》。在当代年轻人的眼中，《大话西游》表达的爱情主题堪称经典，很多人都不会忘记剧中的经典台词："曾经有一份真诚的爱情放在我面前，我没有珍惜，等我失去的时候我才后悔莫及，人世间最痛苦的事莫过于此。如果上天能够给我一个再来一次的机会，我会对那个女孩子说三个字'我爱你'。"设计师以影片中真挚的爱情为背景，其所设计的"爱你五百年"戒指没有复杂精巧的结构，两个简单弧形的碰撞，如同心与心的倾诉。正是因为设计师把握住了当代在《大话西游》感染下的年轻人内心所追求和期待的真诚爱情，所以使产品的所指更加清晰、明了，能够很轻易地打动当代年轻人这一受众群体。

图4.28 "爱你五百年"戒指（李剑叶 设计）

4.4.2 功能满足层面的语意学关系

功能满足是无意识产品设计的目的,也是区别于一般情感设计的重要因素,如图 4.28 所示的"爱你五百年"戒指,其审美意义和精神功能远远大于产品的物质使用功能。对于无意识设计而言,多数是以功能满足尤其是物质功能满足为最终归宿。比如村田智明设计的 Bagel 卷尺,其两侧凹槽的设计,是以用户捏住物体拽线时的习惯动作为潜意识设计的切入点,Bagel 卷尺的能指是类似于声音符号的"卷尺"这个词,而其所指是符合用户潜意识操作习惯的测量工具。

再以图 4.26 中斯塔克设计的外星人榨汁机为例,作为深受消费者尤其是设计从业者所喜爱的榨汁机形态,其造型设计富有想象力,而作为工具性的榨汁机,其榨汁功能便利性是极其有限的,除了进行橙子榨汁操作之外,对于其他水果的可用性极差,远不及现代的电动榨汁机和料理机。

如图 4.29 所示的是日本设计师铃木康広设计的白菜之器(圆白菜碗),采用了主体替换的无意识设计手法,实现了一种体验感的升级。比方说,假设某人之前见过 B,而 B 独有的气质留存在他的脑海里,成为无意识经验,当设计师想要打造 A 的时候,突然想起 B 的气质,于是将 B 的气质安放在 A 的身上,因此在形式上,A 的物理性质不变,但样子更像 B。

图4.29 白菜之器(铃木康広 设计)

铃木康広的白菜之器设计,第一眼看上去就是具象的圆白菜,给人第一眼的感觉会以为是一个长得像白菜的瓷器,但实际上它是通过硅胶成型技术,用白色黏土制作成的卷心菜造型的碗,是可以一个个掰开用来盛东西的碗。就像原研哉在《设计中的设计》一书中写道:"想象一下端着一个圆白菜碗的感觉,摸上去怪怪的。在餐会上用这种碗一定很好玩。人类的头脑在这种携带着过剩信息的复杂玩意上获得欢乐。"铃木康広的设计是极具艺术性的,是从潜意识的用户需求角度通过主体替换完成的无意识设计。然而,尽管这一设计是精神的,但作为器具的碗却是功能性的,是具有功能可供性的,从这一角度来说，具象形态的无意识产品设计不同于单纯精神层面的仿生设计，而是具有精神层面和物质层面的功能满足作用。

4.4.3 技术因素层面的语意学关系

尽管日本的无意识设计充分反映出了日本特有的简约风格，不以炫耀技术为目的和手段，但并不能否认技术在无意识设计中的重要性，尤其是在强调"以用户为中心"和"体验设计"的现代设计中，技术是解决用户需求的重要手段。如在韩国设计师设计的智能 Bagel 卷尺设计中，与村田智明设计的 Bagel 卷尺不同的是，在设计中充分运用了技术因素，尽可能更全面地满足用户潜意识中对目标产品的渴望和期待。从语意学角度来说，无意识设计中技术因素的运用是通过技术信息与用户感知的交换，来实现产品功能符号与用户认知的匹配。

如图 4.30 所示的是 Iumbrella 公司的反向雨伞，充分考虑了用户在雨中撑伞的心理期待和使用场景。如图 4.31 所示，在雨后进行雨伞折叠时，常常会遇到雨水流落满地的困扰。设计师从用户的潜在需求出发，从技术方面进行了雨伞的结构创新。独特的翻转雨伞通过传统伞架结构上的更改，创新地引入了双层伞布，于是在收伞的时候，被打湿的一面伞布就会巧妙地折叠到里面，而原本在内侧的干燥面会翻转到外层，能有效地避免雨水打湿裤腿。

图4.30 反向雨伞（Iumbrella公司 设计）

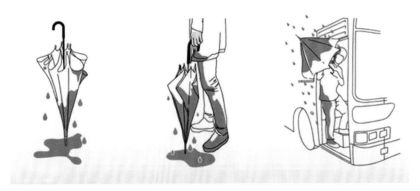

图4.31　传统雨伞使用问题的场景分析

反向雨伞的设计，既解决了常规雨伞弄湿地面和打湿衣服的问题，又解决了进出车门等狭窄空间及在人群中撑伞的问题。对于以解决用户需求为出发点的无意识设计，设计的着眼点不在于单纯精神层面的造型审美设计问题，而在于以精神层面的潜意识需求为出发点，通过必要的结构设计创新、技术因素变革来实现产品的物质功能可用性，并通过物质功能可用性来实现对用户无意识感知的精神满足。

本章习题

（1）通过无意识设计作品的分析，比较仿生形态设计和无意识设计的异同。

（2）下图所示是国外家具设计品牌 Designarium 的设计作品 Exocet Chair（飞鱼椅），请从无意识设计的角度对其进行分析。

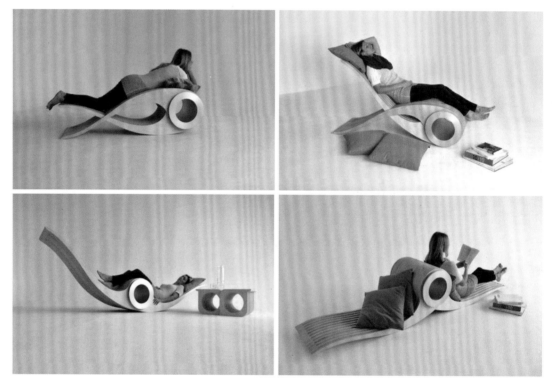

（3）从用户无意识的角度，对女性日用产品进行分析，完成一份用户需求调研报告。

第5章
产品形态语意的设计规范

本章要求与目标

要求：理解产品形态语意的外延和内涵；掌握产品形态设计的语构规范、语意规范和语用规范；正确认识产品设计的功能要求；掌握产品形态设计常用的修辞方法。

目标：掌握产品设计中形态所具有的明示意和暗示意，认识其所具有的丰富文化内涵和趣味性、功能性；掌握点、线、面、体的基本产品形态构造方法；理解产品形态语意的双轴关系；理解并运用产品设计中常用的修辞方法进行产品形态设计。

本章内容框架

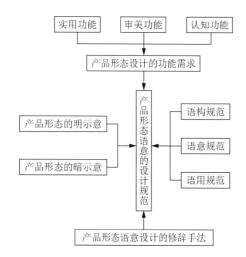

5.1 产品形态语意的外延和内涵

在逻辑学上，外延和内涵是一对完整的概念。从符号学的角度进行形态设计，在分析其语意时，首先要进行其外延与内涵的界定，反过来用以指导形态符号的设计实现。

5.1.1 产品形态的外延意义（明示意）

外延是指概念所确指的对象的范围。例如，"圆"这个概念的外延是指大大小小的一切圆，"鸟"这个概念的外延是指有羽毛几乎覆盖全身的卵生脊椎动物。作为逻辑学上的名词，外延则指适合于某一概念的一切对象，即概念的适用范围。形态语意的外延是指形态所适用的事物构成。

产品形态的外延意义也称为明示意。根据符号学家罗兰·巴特的理论，明示意是指一个事物表面上所包含的形象或意义，是产品形态的"显在"特征，即产品自身形态所表明的"是什么""怎么用""给谁用"等表现的问题。它也是一个产品使用功能的最直观的表达和体现，从符号的"能指""所指"角度简单类比的话，形态符号属性的"能指"相关。如图5.1和图5.2所示的是不同形式的开关和按键形态设计，图5.1中开关的明示意在于其红绿底色、LED发光可以表明开关的当前状态和控制开启的程度，而图5.2中不同形式的开关和按键的形态设计可以表明其推、旋、按、拨的使用方式及连续或间断的控制功能。

图5.1 开关设计

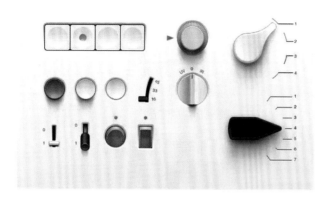

图5.2　不同形式的开关和按键形态设计

尽管很多人探讨产品语意的内涵，强调内涵的精神和文化特征，但毋庸置疑的是，具有物质使用功能的工业产品形态的外延所体现出的产品目的、操作、功能、可靠性上的基本特征是其基本的设计诉求，是需要通过基本的形态、构造、材质等特征来体现的。它与注重精神层面的文化产品设计最大的区别在于，"少就是多"的现代设计理念所追求的简洁、简单是以产品外延意义实现为基本的形态塑造。如图5.3所示的是不同于传统整体床垫的拥抱床垫形态设计，其不同之处在于床垫由一系列柔软的板条排列组成，传达出来的外延意义在于可以让你的脚或手臂楔入舒适而无压力的板条之间，确保在拥抱睡眠的过程中，手臂不会被伴侣压住，从而解决了手臂被伴侣长时间枕压后会逐渐麻木酸疼的问题，因此能够实现伴侣之间相拥入眠的目的。这种设计的根本创新点在于功能性的目的所塑造的形态结构形式的变化。

图5.3　Cuddle Mattress拥抱床垫（Mehdi Mojtabavi 设计）

在提到产品形态外延意义的构造时，尽管以物质使用功能所具有的明示意为主，但并不意味着就脱离了美的形式，也不一定只与简单、简陋有关，正如广告语"简约而不简单"一样，功能的明示意是为了说明产品物质性功能的范畴、范围（使用目的、操作方式、构造、人机尺度等），而且优秀的创意所表达的产品外延属性一样具有令人兴奋的美感。如图5.4所示的趣味购物袋、包装袋形态设计，左图中将牛皮纸袋子剪成胃的形态，通过不透明牛皮纸与透明塑料纸的材质搭配传达出与吃、食物相关的明示意；右图中将减肥的概念通过袋子的收口设计形象地传递给受众，生动形象且充满了活泼的趣味性，其功能性更是不言而喻。一个好的购物袋、包装袋设计能让普通的袋子充满无限乐趣，变成一种良好的营销宣传手段，也能让提着购物袋的购物者成为人群中的焦点。

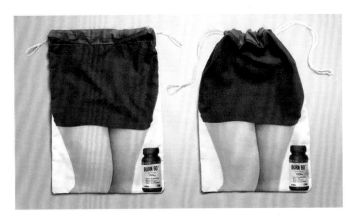

图5.4　趣味购物袋、包装袋设计

5.1.2　产品形态的内涵意义（暗示意）

内涵即内在的涵养，是一个概念所反映的事物的本质属性的总和，也就是概念的内容。从逻辑学认识的角度来说，内涵是指概念的性质或一组性质，是一种抽象的但绝对存在的感觉，是一个人对某个人或某件事的一种认知感觉。广义的内涵是指一种可给人内在美感的概念，与外延相对的是，它不是表面上的东西，而是内在的、深度的、隐藏在事物深处的东西，需要探索、挖掘才可以看到。从认知的角度来说，受众对内涵的理解需要具备相应的知觉能力、文化底蕴、教育背景及相应的生活环境等作为认知基础。从符号的角度来说，内涵往往与设计修辞，如隐喻、提喻、讽喻、暗喻等修辞手法，以及中国传统文化中的谐音等表达手法相关。

产品形态的内涵也称为暗示意，是指产品形态所包含的社会文化和个人的联想（如意识形态、情感等）。以图腾（来源于印第安语"Totem"，意思是"它的亲属""它的标记"）为例，在原始信仰中，人们认为本氏族人都源于某种特定的物种，在大多数情况下，都与某种动物具有亲缘关系。于是，图腾信仰便与祖先崇拜发生了关系。在许多图腾神话中，人们认为自己的祖先就来源于某种动物或植物，或是与某种动物或植物发生过亲缘关系，于是，这种动物或植物便成了这个民族最古老的祖先。如图 5.5 所示的是商族的玄鸟图腾（《史记》载有"天命玄鸟，降而生商"，因此玄鸟便成为商族的图腾），它是纯文化性的，其存在的意义就在于其是文化的载体。又如图 5.6 所示，龙是中华民族的图腾，在中国文化中龙是祥瑞和权力的象征，如皇帝的龙袍绣着龙的图案，象征着天子的形象。在 JEEP 牧马人龙年限量版汽车设计中，黑色的汽车配上金龙的设计，暗示了驾驶者的身份和地位，以此为卖点来引起消费者的购买冲动。与外延意义构成相对的是，外延意义具有实用的功能性，而内涵意义可能只具有精神性（产品的装饰性），通过文化附加值提升产品的商业价值。

图5.5 玄鸟造型

图5.6 龙图腾、龙袍和龙图案在JEEP牧马人龙年限量版汽车设计中的运用

　　产品形态设计内涵意义的表达在文化产品设计中表现得最为突出。如图 5.7 所示，瓦当是目前文化创意产品设计中较为常用的设计元素，在古代建筑中瓦当也是有功能性的，其功能的外延意义是用以装饰美化和庇护建筑物的檐头。在现代设计中，因为时代原因，瓦当的物质功能已经不同于古代，但其精神功能所表达的内涵意义却使其成为文化的载体。在图 5.7 中，四神兽瓦当融入了五行和方位的学说，《淮南子·兵略训》载有"所谓天数者，左青龙，右白虎，前朱雀，后玄武……是故处于堂上之阴而知日月之次序，见瓶中之冰而知天下之寒暑"，揭示了四神兽的文化意义。再如"长乐未央"瓦当，"长乐"的意思是"国君以亲和力善待臣民，国得以永续"。汉代以"长乐"为宫名，是帝王自我激励的"君与臣民长和"的愿望,语言和考古学家认为"长乐"并不能解读为"永远快乐"，假如以此为国君愿望，则与商纣的酒池肉林、不理朝政一样，国不亡也难，更无法达到长乐。"未央"的意思是"未尽，没有穷尽"。"未央"一词最早出自《诗经》

中的《小雅·庭燎》:"夜如何其?夜未央,庭燎之光。君子至上,鸾声将将。"西汉宫殿以"未央"命名,其文化愿景是希望汉代帝国永续,传之"千秋万岁"。因此,"长乐未央"瓦当铭文的意思是:均与臣民长和,则国能传之"千秋万岁"。

图5.7 瓦当和瓦当图案

5.1.3 产品形态的外延意义与内涵意义的关系

产品形态的外延意义与内涵意义是一体两面的关系。如图 5.8 所示,在产品形态价值塑造中,通过产品形态具有的外延价值可满足其实用功能,而通过产品形态具有的内涵价值可实现其精神价值,使产品具有更高附加值。如同品牌价值塑造一样,内涵意义的运用使产品在普通形态的基础上具有了引起消费者购买冲动的可能。

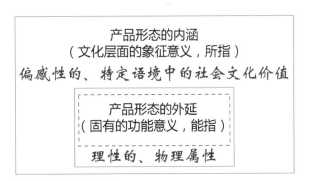

图5.8 产品形态价值塑造中外延和内涵的关系

从符号学的角度来比较,内涵(暗示意)对应了符号的"所指"角度,但又不完全相同;符号具有"能指""所指""解释项"三要素,但一件产品可能简约到纯粹的只是具有使用功能的"外延意义",而不一定是具有文化层面的"内涵意义"。如图 5.9 所示,宜家家居极简主义的 Lack(拉克)边桌设计简约到只有桌面、隔层托板和四条腿,以及无须使用工具便能安装的方式。尽管后现代主义对现代主义的"形式追随功能"做出了批评,但好的设计是多维的、全面的,是由多因素决定的。绿色、节约、符合人机工程学的好的设计是由其使用需求所决定的,不一定所有的产品都需要具有文化的、精神的深刻内涵,这取决于马斯洛需求层次理论所阐明的用户需求。

图5.9　宜家的Lack（拉克）茶几、边桌设计

　　作为精神层面的文化内涵设计，对其暗示意的解读与解读者自身的阶级状况、年龄、性别、种族等密切相关，这也可以解释以无印良品和宜家等为代表的现代流行产品（或全球化产品）以简约为设计特征而不以文化内涵设计为主的原因。当然，脱离文化内涵设计，产品形态依然可能具有内在的情感设计，如图5.10所示的无印良品的CD播放器设计，对于这一设计所具有的内涵，设计师这样解释："这是一个酷似排气扇的CD播放器，特别之处在于它的开关是一根拉绳。这种设计的目的更多考虑的是人们的怀旧心理，过去的电灯多为拉绳开关，许多人在小时候都有过反复拉动开关让电灯不断地开闭的经历。而此时在拽动这款播放器的拉绳时，不再是灯光的明暗，代之以美妙音乐的响起。这种伴随着音乐的怀旧体验是非常美妙的。"实际上，看完这样的解释我们可能会找到同感，然而没有看到这种解释之前你想到了吗？

图5.10　无印良品CD播放器（深泽直人 设计）

　　需要指出的是，产品形态的内涵意义有时就像"一种玄而又玄的东西"，而设计师的形态塑造不能是故弄玄虚，而是要有所表达、有所指向。设计心理学可以延伸到消费心理学（其实作为交叉学科，工业设计、产品设计需要设计师具备全面的、广博的知识），消费者的心理通常会向两个方向发展，一方面向往新奇奢华，另一方面向往平常朴素，这种复合心态带来了消费者对产品丰富而细腻的需求。人类在不断寻求最简单的解决方案，"高贵的单纯"与"静穆的伟大"的标准实际上早在古典主义时期之前就已成型，而现代设计中"少即是多"的理念更是一直延续到今日。设计的终极目的是抚慰和唤醒

人的感受,无印良品不强调流行感或个性,但将"简洁化"上升到"简洁性"的文化高度,使之具有可以凌驾于豪华和奢侈感之上的文化特性,符合人对生活的感受,这在定义了"朴实好用"的真正价值的同时,让使用者获得了最大程度的心理满足。无印良品的设计不能说没有内涵,但抛开单纯的理论强加、回归理性,我们看到的无印良品更多是产品"外延"层面的内容。

对于产品形态的内涵意义来说,感性的、象征性的文化价值与理性的物理功能的显著区别还在于内涵意义的随意性和不确定性,不同的文化语境、不同的理解水平,可能带来不同文化内涵的理解。如图5.11所示,1973年在青海大通县孙家寨出土的一件马家窑文化陶盆,陶盆内壁绘有三组相同的舞蹈场面,是现今发现的最古老的原始舞蹈图像。陶盆的舞蹈纹每组五人,手拉手,面向一致,头上有辫发,外侧两人的一臂均为两道线。专家对这一陶盆图案的理解偏向于击节踏歌的艺术舞蹈。人的理解在脱离了生活的语境状况下难免主观、感性,那么到底是不是这样的呢?如图5.12所示,中国民间剪纸拉手娃娃与马家窑文化陶盆的图案极其相似,也是五个手拉手的舞蹈小人,但其功能却不是艺术的舞蹈,而是巫术的招魂。唐代诗人杜甫在《彭衙行》诗中提到剪纸:"暖汤濯我足,剪纸招我魂。"招魂剪纸在陇西和陕北等地区是一个活态的民俗,剪纸成为一种招魂巫术的载体。那么,是不是陶盆上的拉手小人就是剪纸中的招魂小人呢?也未尝不是,所以说内涵意义总是具有感性、不确定性的特点。

图5.11 彩陶舞蹈纹盆

图5.12 招魂剪纸——拉手娃娃

外延和内涵作为产品形态的一体两面，一体是指一件产品总是具有其使用功能和精神功能，两面是指产品的外延和内涵不一定是等量的。在产品形态设计中，越是处于马斯洛需求层次理论底端的需求设计，越趋向于外延层面的语意塑造；越是处于马斯洛需求层次理论顶端的需求设计，越趋向于内涵层面的语意塑造。

脱离了用户需求和设计语境的分析，一味追求外延与内涵的语意设计可能会最终脱离市场需求。正如图 5.4 所示的购物袋和包装袋设计，通过"购物袋"＋"胃"的形状、"包装袋"＋"短裙"的形状，分别运用两个具象的形体所具有的外延功能（能指），传达出了食物和减肥药的丰富内涵，其外延与内涵的有机结合并没有通过深奥的、抽象的文化意境，而是通过合理的设计创意和浅显、无差别化的语意塑造达到了设计意图。从这个层面来说，真正优秀的产品需要通过外延与内涵的有机结合给使用者带来功能的满足和美的享受。

5.2　产品形态设计的符号学规范

产品形态是作为物质存在的产品的视觉语言，是人与产品交流的媒介。产品形态是技术、功能、文化的终极体现和承载者，是产品设计中的重要一环。徐恒醇在《设计美学》中指出："设计一种产品就意味着设计一种产品语言。它要以自身特有的语言形态，传达出产品的精神内涵。所谓造型的表现性，正是产品的语言功能，是人获得认知和审美效应的依据。产品语言作为设计构思的直接现实，呈现在消费者面前，成为沟通设计师与消费者的依据。"

作为符号意义上的产品形态，通过形态的塑造不仅传达着美的形态，使人精神愉悦，而且能使受众通过对其形态的理解获得产品使用、功能、状态等基本信息，这是符号认知功能的体现。产品形态符号功能的体现需要其自身特有的符号学规范来指导具体的形态设计，对于产品形态而言，进行形态语意设计研究就是规范产品形态的语言意义，但从构建产品形态的角度来说，不仅要注意最终意义的呈现，而且要掌握符号语言的构建及使用的规范。

莫里斯在《符号学理论》中提出的符形学、符意学、符用学分别从符号的组成形态、符号组成的意义、符号的使用三个方面探讨符号的设计和运用规范。产品设计符号学中的符形学、符意学、符用学这三门学科对应的就是产品语构、语意和语用三个层面。在产品形态设计领域，克略克尔在《产品设计》中从符号学的语构、语意和语用三个角度对产品的造型语言做出符号学规范。他指出：语构是指产品语言语汇之间的结构关系，语构的规范使用可以把握造型要素在结构上的有序性；语意是指产品语汇与其指涉对象的关系，使产品语言给人以直接的内容体验和潜在的隐性象征，从而获得对产品意义的领悟；语用是指产品语言与使用者之间的关系，也表现为产品与环境的关系。

5.2.1　产品形态设计的语构规范

产品形态设计的语构是指产品形态基本形式要素之间的构成关系。从构成元素上分析，产品形态是由点、线、面、体等基本语汇构成的。平面构成是指单纯的二维的点、线、面的构成关系；立体构成是指三维空间中的点、线、面的构成关系；色彩构成是指色彩空间的构成关系，其本质依然可以理解为由色彩表现构成的点、线、面、体的关系。

徐恒醇认为，语构层面的造型形式要素本身具有一定的数学关系，在产品形态设计中，形式要素的构成需要遵循形式美法则。形式美法则是人类在创造美的形式、美的过程中对美的形式规律的经验总结和抽象概括，如对称与均衡、对比与调和、比例与尺度、节奏与韵律、统一与变化、稳定与轻巧。形式美法则的运用不仅规范了形态符号的形式美感，而且能够体现产品的功能美，达到形式与功能的完美统一。

1. 基本的形态构成语汇——点、线、面、体

点、线、面、体作为基本的形态语汇存在基本的构成关系，相互之间的形态构成可以简单归结为孤立为点、移动为线、线动成面、聚合为体。

（1）点。在几何学中，点表示线与线的相交位置，只有位置，没有大小。在产品形态设计中，点作为最基本的单位，可以表明位置、大小、面积、形状，甚至色彩，如图5.13所示。在自然界中，海边的沙石是点，落在玻璃窗上的雨滴是点，夜幕中满天星星是点，空气中的尘埃也是点；在产品设计中，产品表面的开关按键是点，汽车驾驶室空调面板上的旋钮是点，微波炉操纵面板上的按键也是点。点给人的感觉是相对独立，表明位置，提供确定的操作功能。

图5.13　点

作为造型元素之一的点与几何学中的点不同，无论大小都是有具体存在形态的。理

想化的点是不具有上下左右连续性和方向感的圆点，而除了单个圆点以外的其他点，如椭圆点、三角点、矩形点等，除了具有大小之外，还具有方向感。

点作为形态构成的基本元素，从外部形态变化上可以分为规则点和不规则点两类，见表 5-1。规则点具有几何学的规律性，而自然界中自由随意的任何形象只要缩小到一定的相对程度，都可以形成点的形态。

表5-1　点的基本形态

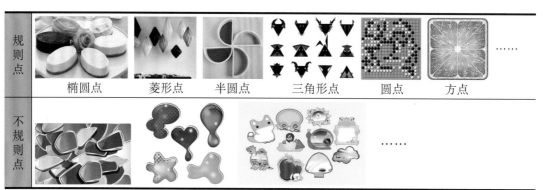

规则点						……
	椭圆点	菱形点	半圆点	三角形点	圆点	方点
不规则点						……

（2）线。在形状语汇中，线起到了承上启下的作用，它既是点运动轨迹的结果，又是面运动的起点。在几何学中，线只具有位置和长度；而在形态学中，线可以具有宽度、形状、色彩、肌理等。在产品形态中，产品外形面的转折、混合材质的结合部位、色彩的分界、结构件的合模部位都可以产生线的效果。线的塑造对于形态的情感化设计起到重要的作用。

线作为形态的另一基本元素，其构成形式包括直线和曲线，见表 5-2。《辞海》中对直线和曲线做了较为科学的解释：直线，一点在平面上或空间上或空间中沿一定（含反向）方向运动，所形成的轨迹是直线，通过两点只能引出一条直线；曲线，在平面上或空间中因一定条件而变动方向的点轨迹。

表5-2　线的基本形态

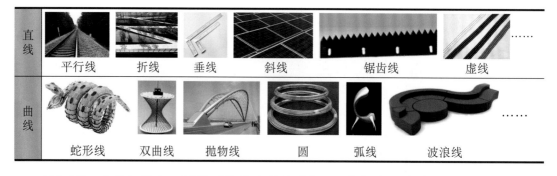

直线					……
	平行线	折线	垂线	斜线	锯齿线	虚线
曲线					……
	蛇形线	双曲线	抛物线	圆	弧线	波浪线

（3）面。在几何学中，面是"线移动的轨迹"，具有长度与宽度。在造型学中，大

多数作为三维构造的产品形态是由面和面组构成的实体，一方面，线的移动形成面；另一方面，点、线、面的性质是可以相互转化的，当元素与所处空间的比例关系发生变化时，它们的性质就随之改变，点的变大可以形成面，线的围合也可以形成面。此外，密集的点群和线组同样也可以形成面的视觉效果。在形态学上，面是具有大小、形状、色彩、肌理等特征的造型元素；同时，作为"形象"呈现的主体，面是"形"的重要基础。

在产品形态设计中，面的各种各样形态是设计中的重要因素。从语汇的角度对形态构成中的面进行分类，有不同的分类方法，而按面的形态能否复制，面可以分成定形和不定形两类，见表5-3。定形主要是指几何形态构成，富有数理规则结构所具有的简洁、明快、冷静和秩序感，可复制、规范和分类；不定形则不存在数理规范，不可复制、规范和整理。另外，不定形按照存在的状态又可分为有机形和无机形。有机形也称自然形态，是指存在于自然界，有自身生长特点，但又无法用数理公式计算的形态。在自然界，动植物中存在大量的有机形，它们富有张力，给人和谐、自然、生机、优美的感觉，往往成为形态仿生设计的创意来源。无机形则是指非合理形态，具有偶发性，没有规则的非固定形态，包括偶然形、手撕形、自由形。无机形比有机形更难表述，其造型本身的感性特征往往大于理性特征。正是由于无机形难以把握，所以才更具有情趣、情态，作为某个形态瞬间的定格，显得活泼而灵动。在产品设计中，从语构的角度来说，产品形态设计运用面作为造型语言可以采用数学的几何形态、仿生的有机形态、模仿某些偶然形态或者凭借感性理解创造出自由的、富有造型特征和鲜明个性的不规则形态（如图5.14所示的是被称为设计怪杰的德国设计大师路易吉·克拉尼的设计作品）。

表5-3　面的基本形态

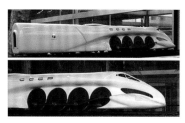

图5.14　路易吉·克拉尼设计的富有个性的前卫作品

（4）体。在形态造型语言中，体作为语汇中的重要部分是一个区别于点、线、面的空间概念。狭义的点、线、面是二维的，如果增加一个深度的维度，就变成了三维空间中的体。在信息化背景下，信息产品可以是二维的点、线、面关系，但物理的产品实际上都是三维的。任何一次点、线、面的转化都对应了相应类型的体，如规则的和不规则的、直的和曲的、几何的和非几何的、自然的和偶然的、定形的和不定形的等，成为产品造型语汇中的基本内容。

2．形态语汇的数学关系

从数学关系的角度分析形态语言的造型运用，即通过形态符号之间的运算关系得到新的设计形态的过程。点、线、面作为基本的造型语言有着各自相同或不同的运算规则，得到各异或具有共性的产品形态，为产品提供了不竭的创新资源。

（1）点。点作为基本要素，可以通过群化改变自己的形态，其群化的过程主要是线化和面化，如图 5.15 所示的是生活中点的群化设计产品。

图5.15　产品设计中点构成的线和面的效果

格式塔心理学指出，位置相邻的大小、形状及色彩相似的单元，有结合得更好的整体趋势，因此，在点的线化过程中，点与点之间的距离可以影响线化效果。点与点之间的距离越近，线化效果越明显；距离越远，线化效果越弱。同时，受面积的影响，点的面积越大，其对周围点的引力也就越大。在心理学上，小的点往往向大的点的方向靠拢，因此，面积逐渐变化的点会产生动态的感觉，如图 5.16 所示。

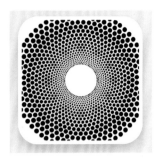

图5.16　产品设计中点的大小渐变产生视觉上的流动性

以线化的点为基础，继续整体向线的平行方向作等距复制可以产生面的感觉，大而密的点的等间距排列，会有较好的包容性。大量分散无序的点会带来心理上面的暗示，点的数目越多，聚合程度越高，面的感觉就越明显，如图5.17所示。

图5.17　密集的点构成的人物肖像

在数学关系特性上，点可以起到装饰作用，能丰富画面，而处于特殊位置的点（如中心、开始位置、结束位置）具有较强的提示作用。就像顺序排列的点可以带来秩序感、大小渐变的线性排列点可以带来视觉动感一样，位置自由分散的点可以给人以活泼感和跃动感。

（2）线。线的数学关系有相交、平行，线的移动形成面。与点类似的是，直线或曲线作扩张性、平行性的推移或延伸排列会出现密集效果，可以产生面的感觉，密集程度越高，产生面的感觉就越强。线是形态表现性格特征的重要手段，尤其是在标志设计和产品装饰上，这种特征会更加明显。产品形态设计中线的应用表现如图5.18所示。

（3）面和体。在形态的构成语汇中，面与体的区别在于空间属性（二维与三维）的差异，立体空间的延伸可以使二维的面变成三维的体。两者的形态构成属性相似，具有类似的分类方法，也具有类似的数学运算关系。

面的围合即可形成体。面与面的不同围合形式、体与体之间的相互作用，构成不同的形态。与点和线的运动与聚集不同的是，面与体的形态数学运算更多地表现为形状的叠加。

图5.18 线的产品形态设计表现

面与面、体与体的基本数学运算关系见表 5-4。

表5-4 面与面、体与体的基本数学运算关系

分离	●●	两对象之间互不接触，保持一定的距离，在空间中呈现各自的形态，形成相互制约的关系	
相接	●●	两对象之间边缘相切，在空间中呈现出丰富而复杂的形象	
覆叠	●	一个覆盖在另一个之上，在空间中形成相互之间的前后或上下的层次感	
透叠	●	两对象之间透明性的相互交叠，但不产生上下前后的空间关系	
相融	●	两对象之间相互之间结合成为较大的新形状，会使空间中的形象变得整体而含糊	
减缺	●	一个对象的一部分被另一个对象所覆盖，两者相减，保留了覆盖在上面的形状，又出现了被覆后的另一个形象留下的剩余形象	
差叠	●	两对象相互交叠，交叠而发生的新形象被强调出来，在空间中可呈现产生的新形象，也可让三个形象并存	
重叠	●	相同的两对象，一个覆盖在另一个之上，形成合二为一的完全重合的形象，其造成的形象特殊表现，使其在形象构成上已不具有意义	

3. 形态语汇的基本构成语法

形式美法则是形态语汇的基本构成语法。形式美法则作为审美的基本规律，是自然界中事物发展规律的体现，也是自然界中生态对象生存现状的客观体现。产品造型的形态塑造通过直观的形态、色彩、材质等的合理运用，借助形态语汇的数学运算关系、形态组合中的视错觉原理，最终设计出符合形式美法则的产品形态。

（1）统一与变化。产品形态设计的统一是指同一个要素或者形态特征在同一产品形态中多次出现，包括比例与尺度的统一、功能与形态的统一、色彩与质感的统一等。统一使形体有条理，具有一致、安静和宁静之感。变化是指在同一物体中，产品的形态要素与要素之间存在差异性；或在同一物体中，相同要素以一种变异的方式使对象产生设计上的差异感，如加强对比、强调重点部位等。变化可以形成产品形态要素的不一致性，从而使形态有动感，克服了呆滞、沉闷感，使形体具有生动活泼的吸引力。

统一与变化是形式美法则中的总的法则。自然界中万事万物都存在千差万别，但事物的发展又遵循着基本规律，同宗同种的事物间又有着相似和联系。变化体现了事物的差别，是自然界丰富性的体现，统一则体现了事物间的共性和整体联系，也是事物发展规律的基本体现。统一与变化所体现的对立统一规律反映了客观事物本身的基本特点，如果缺乏变化就会缺乏创新和生机，如果缺乏统一就会杂乱无章，无法体现设计的一致性和连贯性。

在产品形态设计中，重复、渐变和特异等构成手法都是统一与变化的具体应用体现。丰富的形态变化和色彩运用、表现手法的多样化可丰富产品的视觉效果和心理感受，但产品形态的变化必须统一，使其统一于产品的审美要求和功能结构要求。从语法规范的角度而言，统一与变化的把握在于"度"，即统一中的变化、变化中的统一。如图5.19所示，变化使形态充满动感、活力，统一使形态冷静、稳重，针对目标群体的性格特征及产品的族谱关系，并通过合适的"度"的把握，能够使产品形态达到和谐之美。

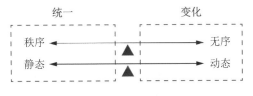

图5.19 统一与变化的关系

在产品形态设计的形式美法则中，对称与均衡体现了统一，是一种偏静态的美，能够给人平和、安全、稳定的感觉，最能体现中国传统的中庸思想；节奏与韵律更能体现变化，是一种偏动态的美，能够给人带来新奇、刺激、有趣、活跃的感觉。对比与调和是统一与变化的调和手法，统一环境的变化形成对比，而调和则是使不同的形式运用达到统一。在设计中，一般采用总体对比、局部调和或总体调和、局部对比的手法，达到设计的统一与变化的丰富效果。

（2）对称与均衡。对称与均衡是不同类型的稳定形式,通过保持物体外观量感的均衡,达到视觉上的稳定,见表5-5。对称是均衡的特例,是物理与形式上同质同量的均衡关系,而在中国传统造物中,对称是儒家中庸思想的集中体现。均衡则是产品功能设计中的某种设计要求,以图5.20所示的雕塑设计为例,将具有动感的雕塑设计造型安放在基座上必然存在自然的物理中心平衡,这是环境的必然要求。均衡在视觉上给人以一种内在的、有秩序的动态美,具有动中有静、静中寓动、生动感人的艺术效果,是产品形态设计中广泛采用的设计形式之一。

表5-5　对称与均衡

对称	对称是动力和重心两者矛盾统一所产生的形态,是均衡形式中同质同量的均衡。给人心理上的安全感,使产品的功能与造型获得感受上的一致,产生协调的美感	
均衡	产品由各种形态要素(如形体、色彩、材质、肌理等)构成的量感(如体积、重量等),通过支点表现出来的秩序和平衡	同质同量均衡(对称) 同质不同量均衡 不同质不同量均衡

图5.20　西安世界园艺博览会公园水龙雕塑（任军 设计）

（3）节奏与韵律。节奏作为音乐词汇,是指音乐中音响节拍轻重缓急的变化和重复。在产品形态设计中,节奏是指同一视觉要素连续有条理地反复、交替或排列,使人在视觉上感受到动态的连续性而产生出运动感。韵律作为音乐词汇,是指音调高低、轻重、长短的组合或匀称的间歇、停顿所形成的声韵。在产品形态设计中,造型元素可以做有规则的形象变化或造型要素以数比、等比处理排列,反复运用而产生出旋律感。

如图 5.21 所示，节奏是韵律形式的纯化，韵律是节奏形式的深化，节奏富于理性，韵律富于感性。节奏体现了运动过程中的形态变化，韵律在节奏的基础上赋予了一定的情感色彩，能够给人带来情趣和精神上的满足。

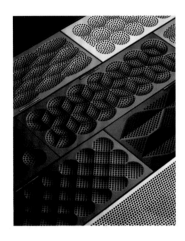

图5.21　产品造型中点元素的节奏和韵律运用

节奏是自然界和现实生活中随处可见的重复属性，是一种规律性、周期性重复变化的运动形式，反映了自然界和现实生活中的某种运动规律。在产品形态设计中，作为形态构成的基本语法，构成元素可以做有变化的重复，或有组织、有规律的变化，营造出有条理、有次序、有重复、有变化的连续的形式美，形成节奏。在产品造型设计中，可以通过点或线条的长短、曲直、流动，形体的厚薄、大小、高低，色彩的明暗、艳素，材质的粗细、质朴与奢华等因素做有规律地反复、重叠，为使用者在生理感受和心理情感上营造出节奏的美感。

韵律是物质运动的一种表现形式，通过产品形态元素周期性的、有组织的变化或有规律的重复，在节奏的基础上，赋予节奏情调，使节奏具有强弱起伏、悠扬缓急的美感。韵律分为连续韵律、渐变韵律、交错韵律和起伏韵律等，如图 5.22 所示。

连续韵律　　　　　　　交错韵律　　　　　　　　起伏韵律　　　　　　　渐变韵律

图5.22　产品造型中不同形式韵律的运用

（4）对比与调和。对比与调和可以在造型的动态与静态之间进行"度"的控制，是同质的形态要素之间共性或差异性的调节手段。在形态塑造中，对比可以在统一中产生变化，使形体变得活泼、生动富有个性；调和则可以使变化的形态趋向统一、协调和稳重。

对于产品造型来说，当对比相对较弱时，调和起主要作用，可以使同质形态要素之间彼此接近，产生协调的关系；当调和相对较弱时，对比起主导作用，可以使产品形态要素之间差异加大，使产品的形象更加鲜明、个性突出。在产品形态设计中，对比与调和的种类见表5-6。

表5-6　对比与调和的种类

形态的对比与调和	由于产品不同部分的不同结构，产生不同的外形，形成形态的对比，不同的形状对比可以丰富整个产品造型			 照相机不同部件与机身之间形成方与圆、大与小的对比与调和
线型的对比与调和	 直线与曲线的对比与调和	 虚线与实线的对比与调和	 长线与短线的对比与调和	 粗线与细线的对比与调和
材质的对比与调和	将不同质地的材料，或同一种材料经过不同的工艺处理形成的不同质感的表层组合在一起，形成产品外形表面的质地对比和调和的关系			
色彩的对比与调和	不同的色彩，由于色相、明度、纯度的不同形成对比与调和的效果			
体量的对比与调和	由于产品的结构功能不同，形成大小不同的结构形式及不同的体量关系。体量的大小对比，可以突出体量大的部分的量感，也可使体量小的部分显得更为细致、精巧			
虚实的对比与调和	产品形体的凹与凸、实与空、疏与密、粗与细等形态之间的变化效果能够产生虚实的对比与调和效果			

（5）比例与尺度。产品设计中的比例与尺度是指产品功能部件、结构部件、不同材质部分、色彩搭配区域等不同视觉的区分区域之间、部分与整体之间的相互尺寸关系。合适的比例和合理的尺度运用，是实现产品形式美的基本和重要前提。

比例以数比的形式来表现产品形态的局部与局部之间、局部与整体之间的大小对比关系，以及整体或局部自身的长、宽、高之间的尺寸关系。比例是一种审美度量关系，是自然界中的客观存在，是人们在长期的生活实践中对自然美的归纳和总结。如图5.23所示，鹦鹉螺和鲑鱼的身长及身体比例中存在1:1.618的黄金分割比例螺旋线。设计师会依照审美比例关系进行美的塑造，如图5.24所示的是达·芬奇的《维特鲁威人》和古希腊雕塑《米罗岛的维纳斯》，两者都依据黄金分割关系塑造了美的人体形态。在产品设计中，采用黄金分割比例更是一种简便、讨巧的比例设计。

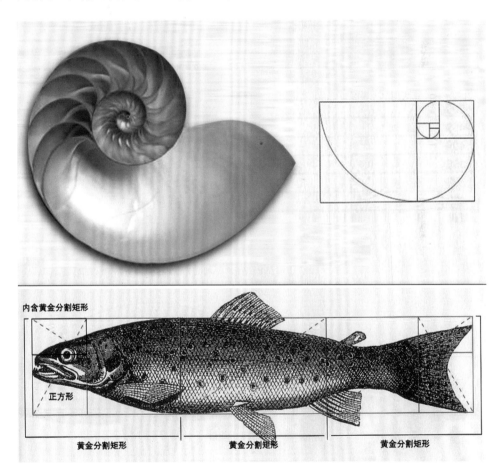

图5.23　自然界中鹦鹉螺和鲑鱼的黄金比例关系

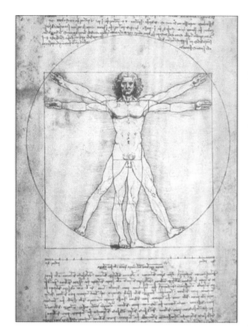

图5.24　达·芬奇的《维特鲁威人》和古希腊雕塑《米罗岛的维纳斯》

　　产品设计中的尺度是指产品与人之间的比例关系。尺度是一个人机工程学的常用概念，是由人－机－环境三者的关系决定的，不仅受人的生理因素制约，而且与人的心理感受关系密切。在产品设计中，尺度没有一个固定的比值，需要根据使用者的身体尺寸和心理需求来确定。但是在具体设计中，对于特定的环境和特定的用户，一般而言尺度是相对固定的。因此，在产品造型设计中，一般应先设计尺度，再推敲比例关系。例如，电视机的尺寸选择是由电视机与观看者的距离确定的，通常从保护视力的角度考虑，一般2.5～3m选择42～48英寸的电视机，3～3.5m选择48～52英寸的电视机，3.5～4m选择50～55英寸的电视机，4m以上选择55英寸以上的电视机；而对于电视机的安装高度，一般在电视机中心比视线稍微偏低5～10cm的位置，以保证眼睛不会疲劳，在设计电视柜时要综合考虑沙发的高度和人的坐高等综合因素。因此，特定环境中的尺度是依照人机标准确定的，进而有利于展开产品形态设计的比例推导。

5.2.2　产品形态设计的语意规范

　　作为基本产品形态符号的点、线、面元素，因为其使用方式和方法的变化，所以能够对指涉对象和使用者产生不同的使用感受和心理体验。换而言之，基本产品形态符号的组合运用能够表现出不同的象征意义，即产品形态符号的基本语意。

1．点的形态语意

　　在形态塑造上，点作为基本的构成元素表现为一种孤立的位置关系，圆点形状即使再大，仍给人以点的感觉。在自然界中，太阳是点，星星是点，地面上的蚂蚁是点，音箱网罩的音孔也是点。对于轮廓不清的形状来说,点的特征会有所减弱;相反,内部充实、轮廓清晰的区域,无论其范围大小都会表现出清晰的点的特性。

在产品形态塑造中,不同形态的点呈现出不同的视觉特效,但随着点的面积在形状整体中所占比例的增大,点的感觉会减弱。如图 5.25 所示,手机上的圆形按键和手机后盖的圆形盲孔和通孔都能产生点的感觉;手表的表盘同样是圆形,但因其占整体的比例关系给人以体的感觉,也即点的感觉消失了。

图5.25　点和体的感觉差异

在产品形态塑造中,在积极的方面,点的运用能够产生较强的向心性,形成视觉的焦点和中心;在消极的方面,不合理的点的运用会使画面空间呈现出涣散、杂乱的状态。

在形态设计中,点的形式运用极为广泛,一方面由于装饰需要而形成视觉中心,另一方面由于结构和功能的需要而作为实体元素。如图 5.26 所示,餐具和椅子中平面形式的点作为装饰元素存在;红色水杯盖子顶部的圆孔作为提手,成为视觉的点形状;多功能刀具的折叠连接结构通过色彩区分,以点的形式存在并起到强调作用;汽车仪表台上的旋钮、按键通过清晰的轮廓线表现为点的形态,并通过大小、凹凸、肌理的差异达到操控上提示和区分的目的。

图5.26　产品形态中不同结构与功能的点

不同形式的点的运用可以带来不同的语意表现,见表 5-7。

表5-7　不同形式的点的语意表现

均匀的点	可以增加画面层次，产生装饰性，起到丰富画面层次和表现力的作用	
跳跃的点	人对光、色和音乐具有一种通感，跳跃的点可以用以实现这种轻松活泼的节奏感	
斑点	动物表皮的斑点具有迷惑性。此外，产品表面的斑点可产生较强的装饰性	
重要位置的点	在具有提示性的功能设计中，处于重要位置的点具有视线吸引和引导功能，通过把点放在标志性的位置上，可以起到提示作用	
渐变的点阵	能够产生流动性和空间感，增加视觉上的律动效果	

2．线的形态语意

在产品形态塑造中，线条对目标对象的情感表现起着重要作用。产品形态的色彩边界、面的转折、凹凸起伏、部件与部件的结合部位均能表现为视觉上的线条。线条不仅决定了物体的形态轮廓，而且可以塑造和表现产品的内部结构。在产品造型设计中，不同的线条语言可以传达出男性、女性、成年、少年、稳重、活泼等不同的性格特征，工业产品、民用产品、专业产品、通用产品可以通过线条与色彩等元素的有机结合传达出清晰的性格气息，见表5-8。

表5-8　不同线条形式运用的语意传达

曲线线条能够体现出轿车的舒适和柔和，直线线条则勾勒出越野车的野性和力量

男士香水多用直线、直面表现阳刚，女士香水多用曲线、曲面表现柔美

成年人产品线条一般较为简洁；而儿童产品线条一般更为丰富，配合色彩产生更强的视觉效果

　　不同的线条富有不同的感情色彩和视觉情感，直线明快、纯粹、阳刚，曲线轻快、圆滑、阴柔；直线、平行线，表现稳定；斜线、放射线、波浪线、螺旋线，呈现运动。对于线条的情感语意，威廉·荷加斯在《美的分析》中写道："直线只是在长度有所不同，因而最少装饰性。直线与曲线结合，成为复合的线条，比单纯的曲线更多样，因而也更有装饰性。"如图 5.27 所示，波纹线由两种对立的曲线组成，变化多样，所以更有装饰性，更为悦目，荷加斯称之为"美的线条"；蛇形线由于能同时以不同的方式起伏和迂回，会以令人愉快的方式使人的注意力随着它的连续变化而移动，所以被贺加斯称为"优雅的线条"。

图5.27　波纹项链Celeste（扎哈·哈迪德 设计）、蛇形画廊（扎哈·哈迪德 设计）和宝格丽蛇手表

在产品形态塑造中，线的曲直、浓淡变化富于表情和活力，是造型艺术的重要表现手段。美学家杨辛在《美学原理》中对新石器时代的半山彩陶线条装饰（图5.28）进行归纳：“它的图案装饰是线，由单一的线生发出各种不同的线，如粗线、细线、齿状线、波状线、红线、黑线等，运用反复、交错的方法，把许多有规律的线组合在一起，使人感到协调，好像用线条谱成‘无声的交响乐’。”

图5.28　半山彩陶的线条装饰

线有直线、曲线，虚线、实线，粗线、细线，水平线、垂直线，斜线、折线的不同表现形式，各自隐含不同的情感语意。细直线表现敏锐、神经质、脆弱，粗直线表现钝重、粗笨、有力；水平线表现安稳、平静、和平、呆板，垂直线表现力度、严肃、庄重、上升、下降；斜线表现速度、动感、积极、方向感，折线表现空间感和变化感。

在产品形态塑造中，可以运用简洁单纯的线条勾勒出产品的轮廓，可以用移动轨迹线表现运动和流畅（图5.29）；可以用线条划分区域，强调边界的围合和区分效果；纤细和充满变化转折的线，适合表现对象丰富的细节，并且在不断地变化中产生趣味性；直线能够反映出线在受力情况下的形态，用直线表现产品的连接结构，可以表现出更好的张力；生长的线可以展示生命力和发展过程，就像藤条和枝条的蔓延，适于表现生命的力量和动感（图5.30）；垂直支撑线容易表现出力量和重心；延伸聚集的线可以表现空间的伸展性，可以增强空间透视；规则排列的线富有理性和规范性，易于表现精密和精确；纤细而颤抖的线适于表现敏感和激动；粗壮列队的线犹如金属围栏和监狱铁窗，适于表示强烈的禁忌。

图5.29　墙贴设计中流畅的线条表现出流动性和韵律感

图5.30　蔓草纹装饰可以表现出植物极强的生长性

3．面的形态语意

在产品形态的点、线、面、体四要素中，点、线是最基本的构成元素，二维概念中的点、线在三维形体中可以表现面和体，而线又是面与面连接和转折变换的中介，因此，面自然就继承了相对应的点、线基本元素的语意表情。

在如图 5.31 所示的形态塑造中，一切由直线所围合成的面构成直面，可以表现出稳重、刚毅的男性化特征，并且这种特征程度随直线因素硬朗程度的加强而加强；一切由曲线所围合成的面构成曲面，可以表现出动态、柔和的女性化特征，并且这种特征程度随曲线柔和程度的变化而加强。

图5.31　直面与曲面形态特征比较

5.2.3　产品形态设计的语用规范

语用是语意的具体实现与运用，主要研究产品形态设计中通过形态语构元素的组合运用，合理表达产品语意，并实现形态塑造的具体过程。在产品形态的符号学规范中，形态语构探讨的是点、线、面、体等基本要素之间的组成规则，形态语意探讨的是形态自身所具有的意义，而作为第三个方面的形态语用要解决的就是在前两者明确后，形态要素在特定的设计语境中会产生的影响和效果。

在产品形态设计中，即使形态构成元素的符号关系正确，也需要注意具体运用方式的恰当、合理、符合表达习惯；否则，就有可能不自觉地违反形态的语用规范、社会规约，或者出现时间、空间、用户身份、地位和场合的不准确，违背目标产品特有的物质功能和文化价值观念，造成设计中的语用失误。

作为供人使用的产品，其形态的语用规范主要包括：用户的造型尺度适应性，即在具体应用层面上人机工程学中人体尺度方面对产品形态设计的限定；特定环境中的空间视觉效果，比如产品形态设计中视错觉的合理运用与规避；产品形态作为物质功能和精神功能的双重载体，需要考虑的符号学中的双轴关系问题。

人机工程学作为产品设计的基础，是一门专门的学问。视错觉在构成基础上多有运用，其在产品层面的运用也极为广泛，这里不再进行介绍。

1. 产品形态设计中视错觉考量与运用

视错觉是艺术设计中常用的一种感知觉效果，错觉是错误的直觉。康德说："感官对知性所造成的错觉可以是自然的，也可以是人为的，它要么是幻觉，要么是欺骗。这种强加于人的错觉，某些是由眼睛的见证而被看作是真实的，虽然也许这见证由同一主体通过知性而解释为不可能的，这就叫视错觉。"康德关于视错觉的解释划分为幻觉和欺骗两类。幻觉单纯由人的知觉特性造成，尽管人们能够通过知性判断其是非真实，但它确实存在，如透视、恒常性、整体性等。这种由于环境刺激而形成的直觉效果，是一种自下而上的信息加工过程。欺骗的错觉不同于幻觉，当人们知道对象的属性不真时，假象可能会逐渐消失。这类错觉是由于人在记忆中存储的概念，产生对环境的经验、知识、期待、动机和文化等方面的信息加工结果，是自上而下的信息加工过程。

视错觉在设计应用中最为典型的例子是丹麦心理学家埃德加·鲁宾于1915年设计的鲁宾之壶，如图5.32所示。鲁宾运用图底互换产生一种两可关系，这种视错觉形成的原因是由于识别阶段的模糊性和知觉组织阶段的模糊性，形成了图底区分上的不显著，从而产生两可关系的图形。图底互换造成两可图形的正负形设计手法在平面设计中应用非常广泛，如荷兰艺术家埃舍尔的《昼与夜》《太阳与月亮》及日本著名平面设计师福田繁雄的平面创意设计作品等，如图5.33所示。

(a) 埃舍尔《昼与夜》

(b) 福田繁雄作品

图5.32　鲁宾之壶　　　　　　　图5.33　平面设计中的正负形

视错觉主要有形错觉和色彩错觉两大类，形错觉主要包括长度错觉、分割错觉、对比错觉、透视错觉、形状错觉、光渗错觉和反转错觉，色彩错觉主要包括距离错觉、温度错觉和质量错觉。视错觉本身是心理学，尤其是设计心理学研究的重要内容之一。设计中常用的视错觉现象主要包括两可图形（正负形）、形态错觉（大小、长短，以及距离与深度直觉上的透视）、错觉轮廓、不可能图形、恒常性错觉、似动等。在形态设计中，运用视错觉原理一方面是对可能出现的视错觉现象进行校正，另一方面作为一种设计技巧，将其可能产生的奇妙效果直接运用于视觉设计。

就产品形态而言，在使用中由于客观环境因素干扰或人的心理因素支配，对观察对象可能产生与客观事实不相符的错误的感觉，在产品形态设计中可通过尺寸校正、色彩搭配等方法的合理运用，有意识地考虑视错觉这种客观存在的现象，从而使设计产品在视觉上给人以正常的使用体验和心理感受。

　　一方面，通过点、线、面、体等形式要素视错觉原理的运用，可有效避免可能产生的视觉误差。如图 5.34 所示的海魂衫设计，由于人与宽阔的大海相比，往往显得渺小、瘦弱，所以海魂衫采用横条纹线条元素平行排列的设计手法，在视觉上起到了横向延伸拉长的视觉效果，能够使海军队员看上去身材更魁梧。同样的道理，身材较胖的人穿竖条纹的衣服则会显瘦。如图 5.35 所示，在人民英雄纪念碑的设计中，碑身中部微凸的造型校正了因高耸而导致的收缩感，下面的平台中部略高，平衡了因下压而导致的内陷现象。在形态塑造中，根据具体语言环境设定各部分的比例关系，尽管可能不同于真实比例，但能够达到预期的视觉和心理效果。例如，正常的人体比例是七头身，而希腊的人物雕塑多采用九头英雄身，使塑像显得英雄威武；因为需要仰视，所以中国高大的佛像多采用五头身，这样硕大的佛头能让瞻仰者看得清楚，彰显出法相的庄严。

图5.34　海魂衫　　　　　　　　　　图5.35　人民英雄纪念碑

　　另一方面，除了考虑产品形态符号特殊的应用语境进行视错觉的校正设计之外，在产品设计中还可以有意通过形态的视错觉运用，产生一种特有的产品效果，从而增加产品的趣味性。这也是产品形态设计中创意设计的一个角度选择。如图 5.36 所示的是特拉维夫设计师尼尔设计的 Flatlight——平面错觉烛台。从图片视觉来看，Flatlight 是一个有高度的立体烛台效果，通过视觉角度的变化可以看到其实际厚度只有 0.4mm，设计师通过合理的视觉效果运用，创意性地实现了具有三维错视效果的二维产品塑造，使烛台设计从单纯的造型转换为一个具有话题感的趣味性产品。从视错觉应用的角度分析这类

图5.36　Flatlight——平面错觉烛台（尼尔 设计）

设计，其设计的最终目的不在于心理学角度的视错觉校正应用，而在于通过心理学的视错觉效果产生具有反思层面的创意设计。类似的设计对于产品形态创意设计而言具有极强的启示意义，如图 5.37 所示。

图5.37　视错觉产品形态创意设计——幻觉书架和木质交叠书柜

在产品形态设计中，通过一定环境或一定条件影响而使心理或生理因素产生的视错觉效果，可以引发消费者的购买欲，提升使用者的心理感受，形成不同的应用体验。因此，在满足产品使用功能基础上的别出心裁的视错觉运用设计，能够改变人们对"眼见为实"的理解。在产品设计中，将人的认知经验矛盾化应用于产品设计，可以给人们带来使用过程中情趣化的使用体验。如图 5.38 所示的是以色列 Peleg Design 设计工作室设计的拉链书签。这一独特的设计创建了一个生动的错觉效果，在使用拉链书签时，书本看起来就像是被伪装成了一个有趣的拉链收纳盒，既能帮读者迅速找到上次翻看的页面，也能为阅读增添几分轻松的氛围。

图5.38　拉链书签（Peleg Design设计工作室 设计）

通过视错觉的运用，可以营造一种奇特的意境，达到动静结合的视错觉效果。如图 5.39 所示的倾倒的咖啡杯台灯设计，将"月光洒满大地"的意境用倾倒的咖啡杯生动地表现了出来。台灯采用 LED 作为光源，通过营造咖啡倾倒的瞬间实现了动态过程的静态展示，寓动于静，营造了美好的意境。产品语意的塑造使产品在使用中给使用者带来的美感和精神享受超越了产品本身的功能性设计，而这也是产品形态设计中语意文化内涵层面重要性的一种体现。

奥地利心理学家安东·埃伦茨维希指出："错视是增强和营造内容的手段，根据视觉特点引导内容产生'外延'工作。在'知觉感应中'，记忆会对残缺的形象进行弥补，

获得完整的知觉对象。"这正如前所
述，错觉的产生有自上而下信息加工
的作用。如图 5.40 所示，日本 YOY
设计工作室设计了一种墙角灯。中国
有一句俗语叫"挖墙角"，日本设计
师 Naoki Ono 和 Yuuki Yamamoto 用设
计证明，墙角的挖开不一定是阴暗的，
也有可能是光明的。可以想象一下墙
角被掀开，光亮从掀开的一角散发出
来，里面会有什么？设计师将这样的
故事性赋予到产品设计中，巧妙地设

图5.39 倾倒的咖啡杯台灯

计出了墙角灯。墙角灯是一个壁灯，但新颖独特的设计让它看起来就像墙壁上被剥落下
来的墙纸，完美的错觉会让你觉得这是一个秘密通道，仿佛可以把你带入另一个奇妙的
世界。运用心理因素对产品设计赋予故事性，满足了人的某种心理需求，这应该是视错
觉设计手法产生的一种无可替代的效果。

图5.40 墙角灯（日本YOY设计工作室 设计）

视错觉对于产品设计的影响是多角度的、全方位的，就像产品设计区别于平面的视
觉设计一样，产品设计的视错觉效果运用，不仅要考虑视觉效果，而且要考虑使相关视
错觉效果得以实现的技术因素。因此，在产品设计的视错觉应用中，设计师不仅要通过
图形、色彩、版式、形态等设计创意手段，而且需要结合技术、材料、结构等工程手段
来实现优秀的创意，达到所追求的视错觉情感化设计的目的。如图 5.41 所示，the NDC
公司运用视错觉原理设计出混凝土挂钟。现代生活中的挂钟越来越向简洁、轻便、实用
的方向靠拢，很少有人愿意去买那种笨重的挂钟，但是 the NDC 公司设计的这款挂钟，

当被你第一眼看到时，你可能会感觉它是一个很笨重、很厚的半球型混凝土挂钟；但是，当你换个角度看它的时候，你会大吃一惊，因为它只有10mm左右厚，而且是采用轻质塑料制造的；除此之外，它的材料可以发出微光，帮助你在较为黑暗的环境下读取时间。将现代材料、技术和视错觉进行有机匹配，产生了不一样的视觉效果，这样的产品给用户带来的体验可想而知。

图5.41　混凝土挂钟（the NDC公司 设计）

被切断的椅子（图5.42）也是一个能够很好说明视错觉与技术、结构相结合的设计案例。它是以色列Peter Bristol公司的设计作品，这张椅子只剩下一条完好的椅子腿，其他的三条腿被一刀切开了，但为什么只剩下一条腿椅子还不会倒下来呢？Peter Bristol公司通过结构设计创造出了一种幻觉，一种让人不敢坐在上面的幻觉。这一设计的关键就在厚厚的地毯上，地毯下面盘子上的一个底座固定了唯一一条连着的椅子腿，且有足够的力量去承受一定的重量，尽管在视觉上会给人摇摇欲坠的感觉，但其实还是很牢固的。

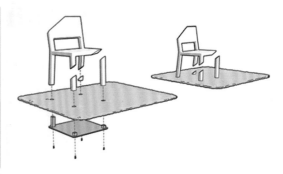

图5.42　被切断的椅子（Peter Bristol公司 设计）

　　斯特拉·麦卡特尼是英国著名的时装设计师，她擅长运用材料、线条或者颜色的拼接来造成人们第一眼的视错觉，从而让衣装发挥出最大的修身功效。如图 5.43 所示的收腰裙设计，虽然版型设计本身也有一些修身的功效，但是斯特拉巧妙地将裙子的腰部做了镂空的设计，下身又按照人体的曲线做了深色与浅色的拼接，一下子就将收腰鱼尾裙的修身效果发挥到了极致。

图5.43　运用视错觉的显瘦服装设计（斯特拉·麦卡特尼 设计）

　　在产品设计中，视错觉的运用对于产品形态的塑造、文化精神属性的塑造，都有着重要的意义。与平面设计不同之处在于，产品设计不仅要考虑认知层面的信息加工模型，考虑视错觉的形成机理和运用手法，而且要考虑材料、技术、结构等的综合因素，以保证视错觉效果的有机运用和效果的技术实现。

2. 产品形态设计中双轴关系

　　索绪尔最早提出了符号的双轴关系。符号学中的双轴关系是指符号的两个展开维度，分别是组合轴和聚合轴。组合与聚合相对，组合是指符号的组合形式，聚合是指符号语意层面的联想关系。符号的组合与聚合直接体现在符号的应用（语用）层面。组合与聚合的概念不易于区分，在 20 世纪 50 年代，雅各布森提出了比较容易理解的双轴关系——选择轴与结合轴。选择轴（Axis of Selection）即比较与选择，结合轴（Axis of Combination）即邻接与黏合，选择轴对应的是聚合轴，结合轴对应的是组合轴，如图 5.44 所示。在产品设计中，设计师在酝酿设计创意时，首先会挖掘可用的设计元素，在众多的设计元素中进行选择和比较，最终确定的过程构成了形态符号设计的聚合轴（选择轴）；在选定元素后，采用何种形式对选中的元素进行组合排列、构成表现，构成了设计过程中的组合轴（结合轴）。在任何产品设计中，进行形态的表意设计时，都必然会存在这种元素选择与组合的双轴关系。

图5.44　双轴关系

产品设计的点、线、面、体不同的形态元素，在形态设计中可供自由选择。在很多情况下，不同的组合形式能够实现相同的产品功能，那么应该如何去确定组合关系的优劣，或者说如何来确定形态要素的最终组合关系呢？这时候，形态语意的聚合就会起到作用。在评价形态的可用性时，除了遵循形式美法则的构成关系之外，文化层面的形态语意联想就成为重点考虑的因素之一。在产品符号的语用考量中，形态要素的双轴关系，即横组合轴与纵组合轴的合理关系就成为特定语境下产品形态设计的重要指导因素。

索绪尔在分析双轴关系时，列举了宫殿前廊柱子的例子：在宫殿造型设计中，宫殿的前廊以柱子作为支撑，这种复合功能要求和构成法则的关系就是符号的横组合轴，表现为一种组合关系；另外，柱子可以采用不同的柱式（如陶立克式、爱奥尼亚式或科林斯式），所采用不同的柱式就是一种纵聚合轴，可能引起不同风格的联想，这就表现为一种联想关系。

在产品形态设计的双轴关系中，纵聚合轴的联想关系是产品形态的同类项等质性与排他性所赋予的一种特征关系。具有等效组合关系的形式要素在某一环节上能够互相替换，但所传达的内涵是不同的，如同手机的配置一样，看似功能相同的手机，但因为分别采用了不同的处理器（尽管这些处理器具有等质性，可以互相替换），所以在聚合层面，会表现出不同的功能特性和处理速度，易于分出品牌高下。

聚合是设计元素建构的方式，"聚合＝排除"，如果运用某些元素，就意味着排除另外一些元素。一旦形态设计完成，元素就会固定，受众可能就不会再去考虑是否有其他元素，因此，聚合是隐形的。组合是形态的呈现方式，是直接呈现在受众、产品使用者面前的，因此，组合是显性的。归纳起来，"聚合是组合的根据，组合是聚合的投影"。

如图 5.45 所示的电视纪录片《如果国宝会说话》的海报，第一张图是片头的文字，呈现的是元素的组合效果（组合轴），运用宋体汉字，将青铜器表面肌理作为文字肌理，字体大小做不规则变化使得画面具有张力。但从设计的角度来分析，除了看到显性组合的效果（元素的结合——邻接与黏合）以外，设计师真正要考虑的还有元素选择的深层次原因（聚合轴）。首先，为什么选择宋体，而不选择其他字体？印刷术是中国古代的四大发明，而宋体是中国雕版印刷中出现的字体，曾经通行于日本、朝鲜和越南等受汉文化影响的国家，因此，选择宋体是有着较为浓厚的文化内涵的。其次，作为介绍中国古代文物的节目，选择青铜器这一能体现中国古代技术的文物素材也是非常具有代表性的。理解了这些，再来看后面的两张海报，对其选择的元素就比较容易理解了，这些元素有毛笔、古代人物造型、壁画图案，以及用篆书、隶书等书写的片名等。不难看出，设计中的双轴关系能够反映出设计需要考虑的因素和正确运用的方向，这是我们研究形态语意、符号学的重要角度。

图5.45　电视纪录片《如果国宝会说话》片名和宣传海报

在符号学中，聚合轴有宽幅和窄幅之分，宽幅是指符号的指代关系复杂、语意丰富，而窄幅则是指符号的指代关系较为单一。在产品形态设计中，符号的宽幅可能会引起不同的理解，但在目标受众适用性上可能有更大的宽泛度；符号的窄幅应用则可能会有更大的适用群体。如图 5.46 所示的座椅设计，两种不同风格的设计在组合轴上采用了相同的元素，都有靠背、椅腿、椅面等基本元素。但在聚合轴上，左图的中式座椅采用的样式表现了极强的中国传统木作样式及工艺，在环境适用上可能有较强的限定性；而右图的简约风格座椅使用环境就较为宽泛，不仅适用于现代简约风格环境，而且在欧式风格环境或中式风格环境中也不会显得过于刺眼。

图5.46　中式座椅和简约风格座椅

窄幅和宽幅具有相对性。在强调特定语意环境的情况下，聚合轴中设计元素的选择一般是窄幅的，能够表达清晰的时代特征、地域特征、文化特征，但是随着范围的进一步缩小，原有的窄幅可能会变成宽幅。如图 5.47 所示的电视纪录片《舌尖上的中国》的海报设计，在聚合轴的元素选择上，分别使用了可以反映中国特色和中国美食特色的元素。左图选用了中国人喜爱的五花肉作为基本元素，运用了中国水墨山水画的写意手法，巧妙地将中国文化与美食结合在一起，尤其是一双筷子巧妙地点明了"食（吃）"这一主题；右图采用同样的创意手法，以"姜太公钓鱼"这一中国传统文化中的典故作为出发点，尽管姜太公钓鱼的典故与吃没有必然的联系，但是构成这一故事性画面的元素都是构成"吃"的中国特色食材，画面中除了"钓叟"姜太公之外，钓鱼台是红烧肉，波涛起伏的水面是面条，岸边的大树是芹菜叶，画面非常富有意境，色彩搭配也非常富有层次。因此，《舌尖上的中国》的海报设计在聚合轴的表现上应该是窄幅的。

图5.47　电视纪录片《舌尖上的中国》海报

与上述海报设计可以形成对比关系的是图5.48所示的空心挂面包装设计。左右两个空心挂面的包装设计在聚合轴的元素选择上采用了相同的元素，都是以具有较高市场认可度的《舌尖上的中国》作为产品的创意出发点，都采用了挂面的具象图案，都以人物为画面构成要素。在设计上，左图借用了《舌尖上的中国》海报设计思路，配合小字"治大国若烹小鲜"的文字勾勒出雅士垂钓的意境，钓竿上挑起的是长长的面条。尽管其画面很美、色彩也很协调，但是作为面向国内市场的挂面产品，这样的元素选择缺少地域性，因为在这样的语境中，这些元素变成了宽幅，营造的"独钓"意境很难体现出地域特色，因此也很难打动受众。与之对应的是，右图以《舌尖上的中国》第二季中空心挂面的被采访地——陕北为元素，以"陕北婆姨"作为其品牌形象，这些元素的选择都是窄幅的，都能巧妙地体现出产品的地域性。该设计通过画面意境的营造使人很容易将"陕北婆姨"的巧手美食与包装内容联系起来，并通过开天窗设计等手法，使包装的平面场景营造与产品密切相关。因此，从产品设计的角度对比，右图富有乡土气息的设计可能更优于左图的设计。

图5.48 空心挂面包装设计

受索绪尔影响较大的法国评论家罗兰·巴尔特于1980年在其最后一部关于摄影评论的著作《明室》（巴尔特认为照片的冲洗工作室不应该叫暗房，而应该称为明室）中提出了"展面（Studium）"和"刺点（Punctum）"的概念。在讨论照片时，巴尔特说展面的照片"使我感觉到'中间'的感情，不好不坏，属于那种差不多是严格地教育出来的情感"，艺术家通过这种作品向观众展示的是可以理解和交流的文化空间，而刺点作为一种创意的手法，是"把展面搅乱的要素……是一种偶然的东西"。巴尔特说"正是这种东西刺疼了我"，在他所讨论的摄影作品中，刺点是照片中刺激和感动人的局部与细节，也即让人为之着迷和疯狂的地方。巴尔特还说"我能够说出名字的东西不可能真正刺激得了我，不能说出名字，才是一个慌乱的征兆"，这说明了刺点的重要性。

展面是道德或政治文化的理性调节；与之相反，刺点是犯规的、断裂的、不同寻常的。赵毅衡认为展面很容易落入文化正规而"正常化"，足以使接收者感到厌倦而无法激动，无法进行超越一般性的解读。刺点作为文化"正常化"的断裂，是日常状态的破坏，要求受众介入以求得狂喜，具有偶然的、未编码的、无名的特征。

对于人们日常使用的产品设计，常规的设计手法就如巴尔特所说的展面，一眼就可以被认出和理解，但却因为习以为常而很难打动人，因此对于某些新产品、小品牌来说，也就很难吸引和打动消费者。产品创意设计是一个系统工程，除了产品功能、材质、结构这些技术要求之外，其对于产品设计中的创新在于如何寻找"刺点"，并通过刺点来刺痛受众，使受众受到冲击。刺点运用的是聚合轴变宽，其选择的要素进一步增大，在组合轴上的风格是突破常规。以酒类产品设计为例，对于茅台、五粮液等品牌，其品牌号召力巨大，只需要展示品牌形象就足以吸引消费者，而其他的品牌则需要先使消费者认识品牌。

国内白酒品牌江小白作为一个成立于2011年的快消品新生品牌，能够在短短几年成为深受年轻人喜爱的传统酿造青春时尚品牌，成为市场上同类产品模仿的对象，是与其设计上的刺点运用有极大关系的。如图5.49所示，江小白以"简单纯粹"的口感特征，打造"我是江小白，生活很简单"的品牌理念，突破了传统的白酒包装设计以字体、色彩、图案等为出发点的设计思路，首先是从文案上进行品牌定位和形象塑造，打破了人们对白酒包装的设计认识。

图5.49　江小白包装设计——表达瓶

江小白产品作为一种设计现象，反映了"刺点"的作用。江小白通过文案设计顺应了年轻人的心理，引起了情感共鸣，有人为了收集江小白产品，跑遍了重庆的每一家饭店。江小白在设计延展上，不仅注重瓶身文案的设计，而且注重海报设计及形象塑造（图5.50），衍生出了《我是江小白》同名漫画，其扎心的文案、清新的动漫、年轻的画风深深地刺痛了作为主要消费群体的年轻人。

图5.50　江小白海报设计

瑞典绝对伏特加的设计与江小白的设计有异曲同工的效果，如图5.51和图5.52所示的绝对伏特加酒瓶设计和招贴设计。绝对伏特加作为一款经典的伏特加酒，不断采取富有创意、高雅而又幽默的方式诠释其品牌的核心价值：纯净、简单、完美。绝对伏特加的成功离不开其产品的独特创意，其不变的、独特的经典瓶型，以及不断推陈出新的创意平面包装和广告海报，成为除了酒本身之外被收藏和追捧的又一主体。

刺点不是猎奇，也不等于陌生化。刺点与展面不存在矛盾关系，根据设计对象的不同，分析和抓住受众的心理才是设计的前提。对于设计中的双轴关系，在设计要素选择

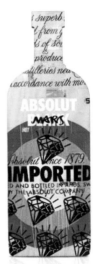

图5.51　绝对伏特加酒瓶设计

图5.52　绝对伏特加招贴设计

和构成上，表面上看是先挑选后运用，实际上对于设计师而言聚合与组合是同时产生的，组合不可能比聚合先行，也不可能不考虑组合的需要而进行聚合轴的选择。设计师对用户的深入分析是聚合轴形成的前提，而在进行用户分析的同时，已经对要素的组合进行了初步的规划，这时组合轴已经渐渐成型。

5.3 产品形态设计的功能需求

产品形态是产品的物质存在依据，功能的实现离不开可见的物质形态；反过来说，形态需要满足产品物质功能结构的合理性需要。在满足功能需求的前提下，不同的产品有不同的形态设计需求，以物质功能为主的工业产品强调产品的实用性、可用性、宜人性，以精神功能为主的文化产品和日常消费品在满足一定使用功能的基础上强调产品的精神附加值。此外，除了使用上的物质功能和精神层面的审美功能之外，很多产品还肩负着教育认知功能，如儿童产品、学习产品等。

现代产品设计不同于纯机械角度的设计，是艺术与技术结合的广义设计。艺术一直是伴随人类的出现、进化而不断发展变化的，但是，艺术的审美功能、教育认知功能一直是未变的。人类认识自我、认识社会有四个方面的途径，分别是哲学、宗教、教育和艺术，艺术的手段能够使人们在美的感受中自然而然地学习和认识社会。我们对产品形态设计进行认识时，应该将其实用功能、审美功能和认知功能综合起来考虑。

产品的功能设计是决定产品形态的重要因素。如果产品功能分成互相对应的实用功能与审美功能、趣味性与认知功能这两组关系的话，其相互之间的调和属性可以用图5.53来表示。产品的形态设计就是要根据用户需求与设计目标对象等具体语境来确定其最终的形态构成关系，尽管在设计中人们经常讲要寓教于乐，但是趣味性设计并不一定等同于认知功能设计。趣味性设计作为形态语意的重要内容会在后续内容中详细讨论，下文只对实用功能、审美功能和认知功能进行最基本的论述。

图5.53　产品不同功能之间的调和关系

5.3.1　实用功能

实用功能是产品的基本功能。尤其对于狭义的产品来说，它不同于单纯的审美角度的艺术品，如果脱离了实用功能去探讨产品形态的美的塑造，可以说是没有意义的。从实用功能角度出发的产品形态设计，需要在产品形态聚合上去探讨点、线、面、体及材质、肌理、色彩等不同形式构成要素的选择与手法的运用。

在图 5.54 中，左图是文玩手串专用的穿线钩针形态设计，其作为单纯的工具类产品，形态设计完全是以人机工程学的问题解决作为设计的出发点，设计思路是以产品的功能性结构设计为主。右图是激光引导剪刀设计，其形态构成与普通剪刀的区别在于，一是增加了能发射光线的激光头，可以通过激光照射发出的直线引导裁剪的路径，相当于直尺的功能；二是剪刀的把手部位呈非对称关系，使用时拇指与其他四指的操作相匹配，这样的形态设计是为了解决功能型工具产品的人机问题。

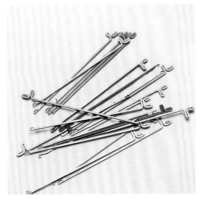

图5.54　穿线钩针和激光引导剪刀的形态设计

从实用功能角度出发的产品形态语意一般称为功能性语意，这里的功能应该是指狭义的实用功能、物质功能。功能性语意能够指示产品的机能属性及其功用，反映产品形态与功能的一致性，其设计的出发点是满足作为工具属性所需的适用性、可用性和易用性。以激光引导剪刀设计为例，发射激光在这一产品中的作用就是满足剪刀作为裁剪工具的易用性，有助于更方便地使用产品，而剪刀把手的非对称异型设计是为了从人机生理角度满足适用性，是产品使用舒适度的表现和物理反应。

产品功能性语意侧重于解决现代产品设计所考虑的人的问题，使产品能够满足人的需求，而且更舒适、更简便。产品形态设计的功能性语意塑造不同于纯粹的机械结构设计和物理材料选择，是在工程学科支撑下，以人机工程学的舒适、安全、高效、健康、经济为核心的综合设计。如图 5.55 所示，ThinkPad 笔记本的小红帽（指点杆）设计是 IBM 的特征性设计元素，不仅在色彩上丰富了键盘的视觉效果，而且与 LOGO 上的红点形成呼应，突出了品牌形象。更重要的是，作为专利性设计，小红帽（指点杆）具有触摸板、轨迹球的功能，是类似于鼠标的输入控制设备。从功能上讲，小红帽（指点杆）具有四个方面的优点：一是它位于键盘的正中央，可以保证手不离开键盘就能方便地操作；二是因为操作时手指需要移动，所以它的位置固定易于点击；三是操作时手指不需要离开机体，使得大幅度移动指针和拖拽的操作变得异常简单；四是仅仅轻触它不会引起指针的移动，所以不会引起错误操作。

图5.55　ThinkPad的小红帽（指点杆）设计

尽管产品语意所表达的侧重点不同，但实用功能是除纯艺术品之外一切产品都具有的基本功能。它通过特定的形式元素构成语言，其表达和实现兼具艺术性，是产品形态设计的基本出发点。

5.3.2　审美功能

毋庸置疑，产品形态语意研究最重要的一点是对形态美的研究，是研究美的情感语意。现代设计将技术与艺术进行有机结合，其目的就是在满足物质功能需求的前提下，尽可能地满足目标受众的精神需求，而这一需求又是复杂的、个性化的，受到很多感性因素和心理因素的制约。因此，产品形态的审美功能是实用功能之外的另一重要功能，因为产品设计的目的不同，所以其功能侧重点会存在较大差异。正如前文所述，产品的实用功能与审美功能是一条轴上相对的两面，工具性产品侧重实用功能，文化创意产品则侧重审美功能，而日用品可能要求实用与审美的兼顾与平衡。

审美是人类理解世界的一种特殊形式，是指人与世界（社会和自然）形成的一种无功利的、形象的和情感的关系状态。与实用功能的物质性、可用性相对，审美功能是一种情感的满足，正因为审美的感性特质，使得审美功能的塑造更加抽象。从属性的角度研究形态的审美塑造，可从直觉性、情感性和愉悦性这三个方面特征着手。

1．直觉性

审美直觉是欣赏者对美的形态的直接感知，与欣赏者的自身修养和文化层次密切相关。审美功能塑造的审美形象所表现出来的直觉性有三个层次的含义：一是产品受众自身审美能力所决定的审美感受的直接性、直观性，对于产品设计而言，其对产品形态的整个审美过程自始至终都是形象的、具体的，在直接的感知中进行（如图 5.56 所示的三款经典的由大师设计的座椅作品，我们对其印象最深的并非物质的使用功能，而是美的形态塑造及其直接传达给我们的一种心理体验）；二是产品使用者对产品从全局整体上进行审美，而不是支离破碎地感知；三是审美感官愉快，是指脱离了理智思考和逻辑判断、不假思索地对产品进行美的评判。

图5.56　萨里宁的郁金香椅、雅各布森的蛋椅和潘顿的潘顿椅

直觉是人对事物的瞬间领悟和理解，也是人对产品的理性把握和思考的前置动作，会给产品的进一步分析和评判带来很大的主观影响。在理性阶段之前的直觉是一种低级的、原始的、相当于感觉的直觉，是用户对产品产生购买冲动的重要因素，从这个角度来讲，产品的形态审美塑造对于商业化设计来说是非常重要的；相对而言，经过了解和认识阶段的直觉是一种高级的、经过长期经验积累的直觉。实际上，在产品形态塑造中，既需要感性的感觉直觉，也需要以理性分析做支撑的审美直觉。通过对客观事物深入正确的把握，审美直觉变得奇异但不是神秘。产品的艺术性是美的集中表现，在艺术美的塑造中，美感产生的过程就是审美意象再造的过程。

2．情感性

审美所表现的情感性反映的是人对产品客观存在的美的体验和态度，是人的生理、心理在美的刺激下的一种感性表现。审美情感以审美认识判断为基础，是一种精神的愉悦。现代产品设计注重产品的审美功能表现，实际上是以满足用户的精神愉悦和情感追求为基本目的。如果能够满足用户的精神愉悦，就可以产生情感共鸣，满足用户的精神需求，从而刺激用户的消费需求，引起购买冲动。如图5.57所示的是20世纪70年代的一些玩具，它们陪伴着"70后"走过自己的童年，现在市场上再次出现这些产品，最大的卖点不在于形式设计，而是产品形式背后凝结的一代人的情节，这正是其真正的审美价值所在。

图5.57 "70后"的玩具——铁环、弹弓和陀螺

对于通过产品形态进行的审美功能塑造，首先要从作为人的一种高级情感活动的角度出发，在强烈的情感塑造中，把握好审美情感中所应具有的理性情感氛围营造，使产品更容易将感性审美与理性功能有机融合，而不是生硬地拼接美学要素。如图 5.58 所示的窗帘配件、门挡和 CD 架的设计，采用了相同的设计元素和手法，都是卡通小人的造型，以蜘蛛人、大力士的形象将造型与作为功能产品的物质功能进行有机结合，人们在看到这样的产品时首先想到的是一种拟人化的情感传递。这种设计在趣味性体验中使产品表达出审美价值，使其物质功能因审美功能带给人的情感性而得到进一步提升，为功能产品增加了附属的精神价值。再如图 5.59 所示的 LG 巧克力手机，该产品主要针对年轻用户设计，机身采用黑色玻璃纤维机身及钢琴烤漆设计，配合轻触式红光电容式感应按键，该产品设计曾夺得过德国红点设计奖和 iF 设计奖。作为具有创意性的设计理念，LG 巧克力手机采用"I Chocolate You"作为广告语，以"巧克力一代"为目标群体，以"巧克力"为记忆符号，通过手机纯粹的触感、简洁的外观、独特的卖点寻求产品与使用者之间情感上的联系，来获得消费者的认可。

图5.58 富有情感性的窗帘配件、门挡和CD架趣味性形态设计

图5.59 LG巧克力手机

3．愉悦性

审美作为一种能够带来喜悦和愉快的感情，所产生的审美功能表现出对狭隘功利性的超越和对于生命力的追求。在产品形态设计中，从审美塑造的角度而言，产品形态的审美总是能给人们带来审美的喜悦。审美功能的愉悦性产生的不是物质功利性，而是精神的功利性；不是个人功利性，而是社会功利性；不是急功近利性，而是深沉的现实——历史功利性。

如图 5.60 所示的一组审美功能产品，通过天鹅形象的塑造使宴会餐桌增添了和谐、温馨的氛围；铅笔顶部的橡皮擦设计成足球游戏的玩具，使人们在学习之余可以放松身心；音箱喇叭的音频线理线器设计成头戴安全帽的施工工人，在拔下插头时可营造出工程施工的意境。这类产品设计通过意境的营造使得产品的本身物质功能看上去不是那么重要，而审美的营造更是超越了对实用功能的追求。

图5.60　趣味性产品的审美愉悦性设计

通过产品的形态语意审美塑造，能够产生一种恬然自得、轻柔流畅、游刃有余的心理美感和审美愉悦，这种审美塑造既可以是纯粹的怡然自得，也可以用来激发成人对童年、子女对父母的眷恋，对美好生活的向往、对祖国的热爱，对人类自尊和生活的自信。因此，审美愉悦的非功利性表现在对实用功能的超越，功利性表现在对美好和生命力的追求。

5.3.3　认知功能

顾平在《艺术概论》中讲到人类认识世界有三种方式，即科学、宗教和艺术。人的"真善美"的形成是三者作用的结果，科学求真、宗教求善、艺术求美，三者共同作用于人，使人具有了对世界的正确认知。作为具有符号性、艺术性的产品形态设计，其可能具有的认知功能有两个方面：一方面，通过产品形态所具有的认知功能可以反映出产品的使用方法或产品的性能；另一方面，产品形态设计可能对使用者产生教育意义，比如产品形态所包含的深刻语意会给人类认识自身、认识社会带来有益的帮助。

产品形态认知所能反映的使用方法或性能是符号能指与所指的直接表现。如图 5.61 所示的是网络信息时代数字媒体播放器的界面设计，在信息产品设计中运用拟物化的设计手法，将现实物理世界中的产品形象运用于信息产品的设计，能够让使用者非常容易地了解产品的使用方法，从而达到功能使用的目的。

图5.61　数字媒体播放器界面设计

产品形态的认知功能是产品实用功能得以实现的保障。以电视机的设计为例，电视机的形态在技术上经历了从 CRT 显像管到液晶面板的变化，在造型上经历了从立式到卧式的变化，屏幕越来越大，边框越来越窄。如图 5.62 所示的电视机设计中，分别是黑白显像管电视机、彩色显像管电视机和液晶电视机。从操作设计上看，黑白电视机是机械旋钮式控制，直观明显；彩色电视机是电子按键，体积更小，操作也方便；液晶电视机的屏幕越来越大，边框越来越小，屏幕的正面没有任何按键，从观看的使用效果来讲，液晶电视机不断变得完美，但相信还是有人在住宿酒店时遭遇因找不到开关按键而打不开电视机的尴尬。产品的形态设计是多种因素决定的结果，功能、审美、认知作为设计考虑的因素需要同时兼顾。

图5.62　电视机造型设计的变化

同时满足功能、审美和认知的形态设计，是对使用者使用习惯、需求、认知水平深入洞察的结果。如图 5.63 所示的电视机遥控器设计，左图是常见的电视机遥控器设计，但你知道上面有多少个按键吗？很多人没有数过,如果告诉你有 53 个按键你可能会惊讶，这是一种工程师设计的理性思维。一般人可能会认为每个按键对应一种功能，使用起来最直观、方便，不过对于使用过这种遥控器的人来说，这种遥控器上的很多按键他们可能从来都没有用过，也就是说人们对它的认知是很难从这种设计效果来获得的。与之对应的是，图 5.63 中中图和右图的遥控器设计，分别是小米盒子和 AppLE TV 的遥控器设计，尤其是 AppLE TV 的遥控器只有 6 个按键，但是这种遥控器用户使用起来可能会获得更好的使用体验。

图5.63　电视机遥控器设计

如图 5.64 所示的是 2004 年中国台湾国际创意设计大赛银奖作品，作品名称叫《绿循环》，是一个搭配了罐头植物的便条纸座。在第一次使用便条纸时，首先要打开罐头植物，并定期适度浇水。随着时间的推移，便条纸被使用消耗，数量变得越来越少，中间的罐头植物也会慢慢成长，直到便条纸被使用殆尽、植物长大，需要为植物更换一个更大的容器，使之成为一个观赏盆栽。这一设计创意中的绿色植物对于便条纸来说不具备任何意义，但是当我们在使用纸张时，便消耗了自然界中的植物资源，而罐头植物作为弥补，可以在消耗资源的同时创造另一个绿色生命，通过对绿植的培养，让"绿"循环起来达到平衡。这种设计实际上在传达一种教育意义，使人认识到资源保护的重要性，这样的设计就体现出了设计所具有的认知功能。

图5.64　2004年中国台湾国际创意设计大赛银奖作品《绿循环》

与实用功能和审美功能不同的是，并不是所有的产品都一定表现出认知功能，但是对于创意设计和以儿童为主要受众的产品来说，认知功能是非常重要的。以智高玩具为例，作为全球著名的智能玩具生产商，智高玩具具有培养和教育孩子的主要功能，其寓教于乐的设计目的充分体现了玩具产品所特有的教育认知功能。如图 5.65 所示的儿童玩具设计中，无论是积木类玩具、过家家类玩具还是拼装益智类玩具，通过对儿童在娱乐过程中的智力开发，一方面可以促进儿童的思维训练，另一方面可以使儿童在娱乐中认识社会。在这些产品设计中，产品的认知功能要求成为主要的设计诉求。

图5.65　体现认知功能的儿童玩具设计

5.4　产品形态语意设计的修辞手法

一般所说的修辞学是指"加强言辞或文句说服能力或艺术效果的手法"，而 20 世纪的符号学运动，推动了修辞学从语言学研究向符号学研究的转变。符号修辞学研究传统修辞格在各种符号中的变异，通过艺术的设计手法，运用恰当的形式，如形态设计、广告设计等，引导购买产品、服务，从而使符号修辞学在广告、游戏、影视、艺术设计等领域不断得以推进。

语言学中的修辞手法是指通过修饰、调整语句，运用特定的表达形式以提高语言表达作用的方式和方法。设计中的符号修辞手法是指借用语言学中的思维方式，通过形态符号语意的外延和内涵关系，进一步提高产品审美价值的造型设计手法。

在产品设计中，单纯的机械结构设计较少出现设计修辞，而文化内涵丰富的创意产品设计，尤其是文化创意产品设计则较多出现设计修辞。举一个较为典型的例子，在中国民间工艺品设计中，以审美功能为主的剪纸（实用功能较低，主要以装饰为主）分别用榴开百子比喻多子多孙，用鱼戏莲来暗喻男欢女爱进行后代繁衍，如图 5.66所示。

图5.66　榴开百子和鱼戏莲剪纸

在中国传统绘画和器物造型中，也经常看到具象的飞禽走兽和植物的图案纹样，如鸟、羊、马、象、鱼、蝙蝠，以及梅、兰、竹、菊、莲、松、柏，甚至李、桃、柿、石榴等瓜果。这些绘画和器物中的图案纹样，不能简单地理解为古人的临摹，在中国博大精深的传统文化中，具象纹样中蕴藏了丰富的文化内涵。简而言之，这些图案背后的寓意可以说是兽非兽、花非花、果非果。

在中国传统图案纹样中，一般通过借喻、比拟、双关、象声、象形、象意等手法，将吉祥语言演绎成各种吉祥寓意，如太平有象（大象）、福运绵长（蝙蝠）、五福和合（蝙蝠）、福在眼前（蝙蝠）、福寿如意（蝙蝠）、富贵万代（牡丹）、事事如意（柿子）等。如图 5.67所示的是清雍正年间的画珐琅黄地牡丹纹蟠龙瓶，用牡丹表现花开富贵、平安富贵，两侧的蟠龙则寓意富贵双龙、龙起生云等，极尽富贵、美好的想象。

如图 5.68 所示的是清康熙年间的素三彩海马八吉祥纹罐。在古代，马是重要的交通工具，也是必不可少的战争工具。因为马的重要性，古代关于马的吉祥成语也很多，如马到成功、龙马精神、一马当先等。因此，古人把马的图案应用在日常生活器物设计中，代表了美好的寓意。

图5.67　画珐琅黄地牡丹纹蟠龙瓶
（清雍正年间）

图5.68　素三彩海马八吉祥纹罐
（清康熙年间）

语言学中的修辞手法共有六十三大类、八十三小类，在符号学的设计修辞中使用最多的以比喻修辞为主。设计修辞多是以仿生、具象或类具象形态，营造出更为丰富的文化内涵。产品形态设计中的喻体造型元素以符号的形式出现，其所具有的喻义一般先于符号的能指而存在，通过形态符号能指与比喻中富有的所指结合，体现出更高的审美价值。

运用设计修辞手法要求设计师首先要提高自身的文化修养。以中国传统文化中莲元素的文化属性为例，在设计中莲的形象具有丰富的文化内涵：莲花因水生，在众多花卉中尤显洁净、高贵。在艺术形象塑造中，可以将莲与美人联系在一起，多用"出水芙蓉"形容女性的美丽与清纯，如设计素材中出现较多的"四大美人"之一西施，多用采莲、浣纱的形象。曹植《洛神赋》中有"远而望之，皎若太阳升朝霞；迫而察之，灼若芙蕖出绿波"，将美人比做莲花，因莲花的洁净、美丽最适合用作纯洁、美好的象征。因此，莲与美人、爱情联系在一起，作为一种符号化的形象出现。在中国民间，新婚洞房的布置、对联和窗花常用"并蒂莲开""鱼戏莲""荷花鸳鸯"等元素，以"并蒂莲开"形容夫妻的恩爱；藕作为莲花的根与"偶"谐音，而藕有千丝万缕、藕断丝连之意，适合用作爱情的象征物；莲子作为莲花的果实，生于莲房、一子一隔，与中国传统伦理中"多子多福""兄弟有序"的观念相吻合，因此被赋予"多子"的意义，人们结合"莲"与"连"的谐音，用"莲生贵子"来祝贺新人，象征生殖繁衍。

谐音在中国文化中是一种被使用较多的手法，通过谐音将不相关的两个事物联系起来，进而以象征的手法进行意义的转化，并逐渐建立一种物与物之间的比喻关系，使事物作为一种符号化的元素形成一种能指与所指的存在。仍以莲为例，莲的花、根、子都被赋予了男女情爱、子孙繁衍的象征意义。此外，莲又称荷，与"和"谐音，因此被赋予和气、和平、祥和、和合、和好的美好寓意。在民间传统年画《和合二仙》（图5.69）中，手执荷花，手托宝盒，都采用了谐音的手法。

将具象的形象转化为谐音，更多的是表达一种对美好的追求和向往，尤其在装饰艺术设计和工艺器皿设计中，表达的是一种中国传统文化内敛、含蓄的气质。如图5.70所示，齐白石的《加官图》运用鸡冠花和雄鸡的"冠"与"官"同音、同声的表现方式，表达了官上加官（即官位连续提升）的美好祝愿。

图5.69 和合二仙（传统年画）

图5.70 加官图（现代 齐白石）

在中国传统文化中，通过具象形态的有机组合进行谐音的吉祥寓意转化，来表达丰富的文化内涵，本身就是对人潜在无意识期待的有效表达。如图5.71所示的是南京博物院收藏的竹刻太平有象摆件。在殷商时期，大象在中国境内广泛分布，从黄河以北的河北阳原一带到东南的岭南地区，从西部的巴蜀到靠近缅甸的云南地区，大象的踪迹遍地可循。大象寿命极长，被人看作瑞兽，用于比喻好的景象，因此象的形象也经常在中国传统艺术品中出现。在太平有象摆件中使用宝瓶的形象，宝瓶就是传说中观世音菩萨的净水瓶，内盛圣水，滴洒能得祥瑞。"太平有象"也常称作"太平景象""喜象升平"，用来形容河清海晏、民康物阜。

图5.71　竹刻太平有象摆件

在产品设计中，设计的修辞是文化的体现，设计师要掌握和运用设计修辞首先要具有广博的文化修养和文化内涵，能够将生活中的形象转化为设计中的符号，只有如此，才有可能实现对设计对象的修辞转化。产品设计修辞在表现手法上又不完全等同于艺术形象中的修辞，比如剪纸艺术中的隐喻修辞，本体不出现，设计师将意图定点在喻体上，使受众按照习俗惯例来体会作品中的所指关系；而产品设计的形态符号修辞中，一般将本体与喻体有机结合，既需要受众有对应的文化知识储备，又需要设计师有独到的符号选择能力，即需要设计师与用户之间存在认知上的信息耦合关系。

语言学中比喻就是"打比方"，设计修辞中的比喻也是一样，即在设计中抓住两种不同性质事物的相似点，用一种形态来喻指另一形态。在语言学中，比喻的构成包括本体（被比喻的事物）、喻体（作比方的事物）和比喻词（比喻关系的标志），比如"收获的庄稼堆成垛，像一座座小山"，其中"庄稼"是本体，"小山"是喻体，"像"是比喻词，它们之间存在比较高这样的相似性质。设计修辞中存在本体和喻体，但不需要比喻词，因为形态是可见的，合理的比喻修辞需要两者之间的关联性和相似点，用比喻来提高设计的趣味性和内涵性。

如图 5.72 所示，设计师把火柴盒设计成皮卡汽车的形象。火柴盒的侧面印上福特皮卡汽车的图案，当拉开火柴盒时，盒子中的火柴就成了皮卡车上拉的木材，本体是火柴，喻体是木材。作为视觉化的产品形态设计不需要比喻词，但是因为将无文化意义的火柴盒包装通过比喻的手法增加了文化性，所以就产生了趣味性，使用户使用火柴的过程成为一种富有趣味性的交互体验过程。

图5.72 Ford皮卡汽车火柴设计

比喻是设计中最常用的修辞手法。方塔尼尔区分了符号学中的符合关系、联结关系和相似关系，提出了比喻中的转喻、提喻和隐喻三种修辞格，再加上比喻中常用的明喻、讽喻，这些构成了设计修辞方法丰富的内容。

5.4.1 概念比喻

赵毅衡在《符号学原理与推演》中指出，"比喻不仅是最常见的修辞格，很多人认为所有的修辞格都是比喻的各种变种，因此修辞学就是广义的比喻学。"因此，广义的"比喻"涉及修辞学的整体范畴，而"隐喻"就是狭义上的"比喻"，任何符号都是从理据性（广义的比喻）进入无理据的规约性。

在符号学中，比喻发生在两个概念域之间，两者之间存在一种超越媒介的映现。美国语意学家莱柯夫和英国语言学家约翰逊在20世纪80年代提出了"概念比喻"。概念比喻在多符号系统中通用，是概念性的，比如蛇代表恶魔，鸟代表自由，可以用于不同的符号系统，包括在设计造型中，其不受语言限制，也不受地域限制。

概念比喻是超文化的，其作为概念性的修辞格，已经为大众所熟知，因此运用时更具有通用性。莱柯夫和约翰逊列举了"怒火"的例子，如"火冒三丈""火上浇油""怒火未息"，作为概念比喻，可以超越语言。

如图5.73所示，在网络上出现的表现怒火的表情设计，无论文字、摄影还是绘画，都用了相同的符号"火"来表现愤怒。"火"这一符号成为表达愤怒的特定概念符号，设计师可以用表情、图像、舞蹈、音乐等非语言媒介来表现各种"怒火"。在产品设计中，概念比喻具有极强的适应性和可识别性，更易于被受众所理解，从而引起共鸣，达到语意传达的目的。

图5.73　网络上的怒火表情包设计

概念比喻并非完全超越民族性，比如在关于动物的概念比喻中，中国有"山中之虎"（还有"一山不容二虎""山中无老虎，猴子称大王"等），欧洲有"森林中的狮子"，尽管它们存在一定的差异，但都是用大型的猛兽来比喻"强权"，而用狼、狐狸等小型野兽比喻"狡猾凶残"。至于羊、牛等家畜，则是"不重要，可牺牲"的形象代表。总体而言，概念比喻存在民族异同，但同大于异，因此，概念比喻作为无差异化的设计符号语言在不强调地区差异的设计语境中被广泛使用。

5.4.2　产品形态语意中的隐喻

设计修辞不同于语言学修辞，语言学中用"像、宛如、似、若、仿佛"等比喻词来作为明喻的基本结构，而在形态设计中一般是进行隐藏的比较，用一个形象指代另一个形象，从而引起联想，达到比喻的目的，这称为设计中的隐喻。比如阿莱西设计的9093小鸟水壶（图2.5），就是用隐喻的手法将鸟叫和开水后的水鸣声进行关联。同样，如果从设计修辞的角度来讨论阿莱西设计的30周年纪念版龙叫壶（图3.5）和米奇叫壶（图3.6），那么在形态设计上本体与喻体之间不存在关联性和相似性，而阿莱西设计的目的在于以小鸟叫壶的成功设计手法，将设计形象转换为中国受众和儿童更熟悉的其他形象，以达到打动特定目标群体受众的目的。

隐喻源于消费者的认知心理，针对某些群体拥有的共同认知进行隐喻表达，可以引起共鸣。隐喻需要设计师和产品用户对本体与喻体形象之间在心理行为、语言行为和文化行为的感知、体验、想象、理解方面存在必然的耦合关系，如果缺乏对文化内涵理解的一致性，则很难使隐喻的形态设计起到共鸣的效果并打动消费者。赵维森指出："隐喻是思想的沟通，本体和喻体分别代表了两种思想、两种视角、两种经验，两种思想、两种视角、两种经验相互融合、相互激发、相互碰撞，创造出一种新的意义。"从本质上说，隐喻产生的心理机制是区分和比较，进而寻找本体和喻体之间存在的"客观相似性"和"经验相似性"。

设计修辞中的隐喻具有很高的认知功能，通过设计者对人类思维方式、艺术创造、语言使用等方面的深入分析，充分挖掘本体和喻体之间的关联性，对产品功能的阐释具有重要的意义，深入挖掘隐喻现象的本质和认知功能，对于产品的艺术性、实用性塑造具有积极影响。如图5.74所示，肺部造型烟灰缸设计采用了具象的造型设计手法，在功能实现上，气管部位满足了香烟放置的功能，但随着烟灰缸的使用，黑色的烟灰洒满烟灰缸红色的肺部，即使倒掉烟灰，也会因长期的积累而使红色慢慢变暗，暗合了吸烟对肺部的危害。这种运用烟灰缸的本体和肺部喻体比喻吸烟有害健康的设计手法，对使用者的认知影响远大于香烟包装上"吸烟有害健康的"文字描述。从功能上来说，隐喻是一种思想之间的交流，是语境之间的相互作用，正是因为有了合适的语境，肺部造型烟灰缸才具有了警示意义。

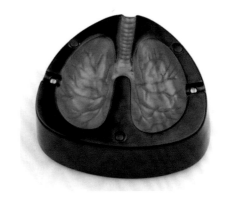

图5.74　肺部造型烟灰缸设计

从认知的角度来说，隐喻是人类认知事物的一种基本方式，在产品形态设计中使用隐喻的手法，借由创意设计赋予产品情感，有助于通过文化内涵塑造更好地传达产品的功能内涵，进一步提高产品的亲切性和趣味性，更易于被使用者接受和认可。尽管设计修辞中的隐喻不等同于语言学中的隐喻修辞，但是通过对两者相似性的研究，对于拓展产品形态设计的思路来说是非常有益的。借用语言学中的隐喻研究方法，可以按本体与喻体之间的关系将其分为并列、注释、修饰和复指等。下文主要介绍并列和注释。

1．并列

本体和喻体是并列关系，比如语言学中的句子"从喷泉里喷出来的都是水，从血管里流出来的都是血"。如图 5.75 所示的水龙头造型台灯和壁灯设计，将水管中流出的水滴转换成灯泡的造型，将水龙头的开关作为灯的开关。从设计修辞上看，本体水是一种资源，喻体电灯消耗的电也是一种资源，通过开关控制达到节省资源的目的，因此，水和电是一种并列关系。实际上，使用并列关系隐喻手法时，形态设计中的本体和喻体是一种转换关系。

图5.75　水龙头造型台灯和壁灯设计

并列的修辞手法可以用互动论来解释。英国学者理查兹在《修辞哲学》中提出了互动论，这一理论被认为是 20 世纪初隐喻研究领域中最具影响力的理论之一。理查兹指出："当我们用隐喻时，有两种不同的事物积极地结合在一起，并且有一个词或短语在其中起着沟通和支撑的作用，而隐喻意义正是这些因素共同相互作用的结果。"如图 5.75 的设计中，照明的灯具和水龙头是两个事物，当这两个事物放在一起时，人们联想到的是"能源"，进而引申到节约能源，两者共同的含义起到了用户与产品、环境之间沟通的作用，使造型有了审美之外的深层意义。

2．注释

本体和喻体是注释关系，就像语言学中的句子"我爱北京——祖国的心脏"。美国学者莱考夫和约翰逊认为，隐喻存在于人的思想和行为中，隐喻的实质就是通过另一类事物来理解和经历某一类事物。如图 5.76 所示的泰国 QUALY 公司设计的季节滋味调味瓶，在这两组调味瓶中，采用了动物和植物的造型，使用时如果精心地选择相应的调料与调味瓶中的动物或植物搭配，就能营造变幻的四季风景。比如嫩绿的树芽与土壤（花椒）象征春天，仙人掌与沙漠（胡椒粉）象征夏天，干枯的枝杈与满地火红的落叶（辣椒）象征秋天，雪松与极地冰雪（盐或糖）象征冬天……在这组设计中，从使用者的角度来看，当有多个调味瓶同时存在时，辨别其中的调料是一件很重要的事情，而设计者正好把握住了这一设计需求，并从趣味性的角度营造了一种美好的使用体验来帮助使用者进行区分。这一区分过程的实现在使用隐喻的设计手法时，通过注释关系来进行功能的注解，充满了趣味性。

图5.76 季节滋味调味瓶（泰国QUALY公司 设计）

再如图 5.77 所示，泰国 Propaganda 公司设计的书架采用了幽默的形态设计手法，书架上的大鬼挡着要倒下来的书，下面的小人吓得飞速躲开。在这一充满乐趣的形态塑造中，好像告诉人们如果没有大鬼（书架）挡着，书就会倒下来，是多么的危险和可怕！这一有趣的设计把书架的功能注释得十分到位。

图5.77 书架（泰国Propaganda公司 设计）

5.4.3 产品形态语意中的转喻

转喻以两种对象或两类现象之间存在的某种相关关系来进行比喻。Radden 和 Kovecses 根据同一认知域或理想化认知模型中转体与目标的关系，将转喻分为两大类：

整体与部分之间的转喻、部分与部分之间互换的转喻。转喻与隐喻的区别在于，隐喻是以两个事物隐藏的相似性作为比喻的基础，而转喻是以两事物之间的邻近性作为比喻的基础。转喻的本体和喻体之间的邻近性应该是在人们的心中经常出现且固定化的，尽管甲事物与乙事物不相类似，但它们依然存在密切关系，并且能够因为这种关系的存在，而用甲类现象的词去指称乙类现象。比如句子"有志的人战天斗地,无志的人怨天恨地"，以"战天斗地"引申为人的志向远大，以"怨天恨地"指代人自身不努力且没有斗志。隐喻的重点在于"相似"，而转喻的重点在于"联想"。

在设计修辞中，转喻体现出邻近性，最主要的手法是用事物的部分来代表整体。尤其在 UI 图标设计中，如图 5.78 所示，以照相机和摄影机表示摄影和摄像，以盘式胶片或胶片片段表示视频资源，以带吸管的圆形玻璃杯或高脚杯表示饮料，以话筒表示录音等。以转喻部分代替整体的设计表达方式能够通过简单的形式快速、清晰地传达特定信息。

图5.78　UI图标设计

转喻的本体和喻体之间存在类似语言的句段关系，如果一个人的话还没有说完，句子的其余部分还悬在"半空中"，那么依照某种邻近性可以把句子的剩余意思构建出来。对于形态设计的这种邻近性关系来说，也可以从已给出的部分"形态"中，沿着逻辑顺序把它的剩余部分构建出来。如在贪吃猪存钱罐设计（图 3.16）中，以贪吃的猪喻指积极存钱的功能，尽管猪的形象不完整，但使用者并不会产生不完整的感觉，这种不完整的设计反倒给产品的使用带来了一种新的使用交互。

在转喻的设计手法中，涉及的两个事物属于同一个范畴或相近的范畴，用一事物替代另一事物是因为两者之间存在一种唤起和被唤起的关系，通过替代的方式能够将潜在或缺席的功能意义召唤出来。如图 5.79 所示的是路易吉·克拉尼设计的照相机，照相机的取景器部位采用了抽象化的眼睫毛形态，调焦部位的处理成指痕形态。通过这种设计可以揭示照相机的操作方法，当用户在操作照相机时，眼睛和手会自然地按照设计师预设的指示处理进行操作，这样的设计理念是使用者和相机之间存在一种邻近性耦合关系，而实现用部分代替部分的转喻修辞手法。

图5.79 路易吉·克拉尼设计的照相机

在形态设计中，运用转喻的方法可以直接通过形象的套用来实现本体与喻体之间某种相关关系表达，从而赋予形态趣味性，给使用者带来某种心理感受。如图 5.80 和图 5.81 所示的分别是以色列创意设计品牌 Peleg Design 设计的 Fly Sword 击剑苍蝇拍和北京艺有道工业设计有限公司设计的回避、肃静苍蝇拍，这两个设计目标相同的苍蝇拍都运用了转喻的设计手法。Peleg Design 的设计直接运用了击剑和盾牌的形象，表达了"让我来保卫你"的设计主题。回避、肃静苍蝇拍则以中国古代官员出巡和殿堂中的肃静、回避仪仗牌为设计原型，采用剪纸镂空的方式设计成苍蝇拍，富有趣味性。

图5.80 Fly Sword击剑苍蝇拍（Peleg Design 设计）

图5.81　回避、肃静苍蝇拍（北京艺有道工业设计有限公司 设计）

5.4.4　产品形态语意中的提喻

提喻不直接说某一事物的名称，而是借事物本身所呈现的各种对应的现象来表现该事物的一种修辞手段。提喻本身不是中文词汇，它相当于中文修辞中的借代。

在产品形态设计中，运用提喻的修辞手法表现产品的文化内涵也是较为常见的创意手段之一。如图 5.82 所示，意大利阿莱西公司设计的鹦鹉开瓶器集合了多种酒瓶的开瓶功能，外观造型富有艺术性。从设计修辞上分析，鹦鹉开瓶器采用鹦鹉造型，将鹦鹉的嘴和开瓶器的实用功能相结合，采用提喻的方法，提示了产品的功能及使用方式。鹦鹉的嘴是鹦鹉保护自身的武器，鹦鹉除了用嘴探索认识环境外，还通过嘴咬来进行游戏、自卫，以及表达不满、自我保护、实现统治等功能。在鹦鹉开瓶器设计的优雅造型中，鹦鹉的嘴是功能的重点也是塑造的重点，通过提喻的形式表达了开瓶器的功能与优点。

图5.82　鹦鹉开瓶器（意大利阿莱西公司 设计）

5.4.5　产品形态语意中的夸张

夸张是为了达到某种表达效果的需要，对事物的形象、特征、作用、程度等方面着意进行夸大或缩小的修辞方式。在产品形态设计中，通过夸张手法所创造的夸张形象与客观事物之间存在的差距，将事物的某一点极度扩大或缩小，从而给人以强烈的刺激，可让使用者能够更加准切地把握住事物的本质特征。

夸张的作用就在于以一种合乎情理、事理的差距去凸显事物的某些本质特征。通过夸张的手法，可以塑造出产品的新奇形象，形成艺术感染力。李烨通过图5.83来描述夸张的艺术中介作用。在形态信息编码中，通过对形态典型特征的提取，经由夸张起到设计语言的"艺术中介"效果，所塑造的富有感染力的形象可以较为准确地与消费者的认知形成耦合关系，从而达到认知匹配、实现有效的信息解码。

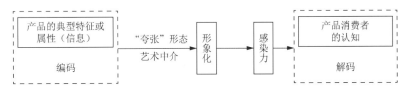

图5.83　夸张修辞的编码与解码

夸张的手法在仿生设计中表现更为强烈，通过对原有真实形态的变形，剔除或弱化生物形态的次要特征，集中突出着重表达的某些与功能或趣味有关的本质特征。如图5.84所示的情侣牙刷架和自动挤牙膏器设计，通过夸张的嘴部造型和手部设计，将挤牙膏和放置牙刷的功能有机结合起来，造型简洁，富有趣味性，同时通过夸张的特征形态塑造突出了产品的功能性。

图5.84　情侣牙刷架和自动挤牙膏器

夸张同其他设计修辞一样，除了表现和强调产品的功能性之外，还可以突出某种思想或某种情感，使产品形态或形象生动、含蓄凝练或幽默风趣，合理地运用夸张能够形成气势或节奏，产生韵律美感。尤其是在文化创意产品设计中（图5.85），现代流行的萌系列、卡通系列多数都会运用夸张的造型手法，以吸引年轻一代的消费者。值得注意的是，在运用仿生设计时，夸张的设计手法通过局部的夸张和整体的凝练造型，而使造型更加简洁，在突出典型特征的同时减少了其他细节，也降低了加工的难度和产品的成本，这是设计师在进行产品形态设计时需要综合考虑的设计因素。

图5.85　运用夸张造型手法的故宫文化创意产品设计

5.4.6　产品形态语意中的反讽

与其他修辞方式相比，反讽更难识别。赵毅衡在讲符号修辞时认为："其他修辞格基本上都是比喻的各种变体，立足于符号表达对象的连接，反讽却是符号对象的冲突。"一般修辞格是让对象靠近，反讽则是将两个完全不相容的意义放在一个表达方式中；一般修辞格是接近一个意义，反讽则是欲擒故纵，欲迎先拒。

一般修辞格都是用一个新的意义对惯例性意义进行非确定性替换，对它们的理解需要建立在对所说和所指之间区别的基础上，从某种意义上说都是双重符号。但是，反讽除此之外，还包含语态上的转变，是对相反事物的模糊指示，涉及真实的意图和状况。例如，一个人说"今天天气真好"，潜台词可能是"今天的天气太糟糕了"；再如，人们经常说的"穷得只剩钱了"、菜馆的名称"骂厨子家常菜"及"狗不理包子"等，其实都是一种褒扬。

在产品设计中，反讽性设计表达中传达的更多的是与产品本身无关的游戏性、高度娱乐性、玩笑性、戏谑性的语意和玩世不恭的态度，但从功能角度来说，有可能因巧妙的戏谑设计而更加易用。如图5.86所示的两个创意设计产品中，左图的标签设计巧妙地将电源线的标签想象成一个个挂在电线上的小人，趣味十足，在使用功能上可以方便地区分不同的电源线；右图将插座的插孔设计成鼻子，将插头插入鼻孔，会使人产生一种负面情绪或不舒服的感觉，但同时又觉得很有趣味，从功能上来说，又具有很高的安全性（有效地避免儿童触电）。

图5.86　运用反讽造型手法的创意产品设计

本章习题

（1）整理和收集体现中国文化元素的工业产品设计相关资料，从外延和内涵的角度对其进行分析，说明其设计的优点和不足之处。

（2）如下图所示，整理与点有关的产品形态设计作品，分析点的运用技巧和方法，阐述其在产品形态设计中的功能作用和在不同语境下传达的相关文化内涵。

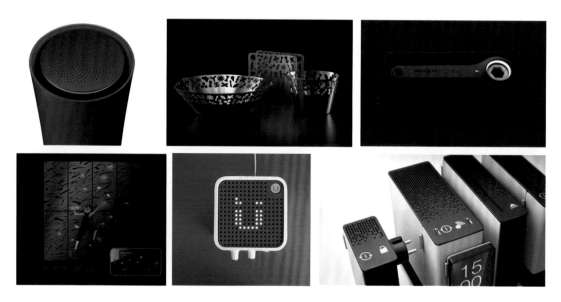

（3）分析视错觉在产品形态设计中运用，并从语意学的角度对其进行阐释。

（4）选择一种熟悉的工业产品，运用隐喻、转喻、夸张等某一种或几种修辞方法对其进行造型设计。

第6章

产品形态语意的设计实现

本章要求与目标

要求：理解产品形态语意设计的系统观；从物质使用功能与精神功能相结合、趣味性与功能性相结合、可用性与易用性相结合的角度进行产品形态设计。

目标：培养从功能、结构、工艺、材质与审美文化内涵相结合的角度进行产品形态系统化设计的能力；掌握文化创意产品和日常生活用品设计中对趣味性与功能性相结合的设计实现方法；掌握以功能需求为基本的工业产品形态设计中功能结构需求与审美需要相结合的设计实现方法。

本章内容框架

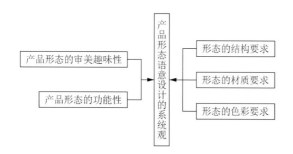

6.1 产品形态语意设计的系统观

产品形态塑造以产品用户所具有的"共同经验"为基础，受到用户自身性别、年龄、文化背景等因素的影响。产品形态塑造以符号为基本单元，由符号建构成一个系统，这一系统连接了设计师和用户两端，好的产品形态设计是两端有效沟通的桥梁。

产品形态语意设计的系统观，重视人与产品之间的关系。设计师需要关注的不是产品本身，而是两者之间存在的精神、物质关系，并通过设计产品的产生，构建"用户—产品—环境—社会—文化"相互之间的关系。在这种相互关系中，产品的使用功能是一种基本需求，而在这一需求之外，产品作为一种文化符号的综合体，通过自身拥有的语意表达，能够将传统设计的产品使用功能表达转化为使用与外观的统一、时效性与表现性的统一、功能性与文化性的统一、功能需求与心理满足的统一。

在设计发展的不同时期，存在"形式追随功能""形式追随情感"的不同设计理念，这两种理念反映了形态与功能、情感的相互依存关系。从系统的角度来说，产品设计或者说将概念缩小至最终的产品形态设计，是由用户对产品功能效用的需求来决定的，如图 6.1 所示。正如马斯洛的需求层次理论认为，人的需求是多层次的，而人的需求层次不同，产品功能效用也不同，形态就会存在设计差异，但无论何种，都必须满足相应层次的审美功能、实用功能和认知功能需求。尽管这三种功能需求在不同的产品设计中所占比重不同，但进行产品设计、产品形态设计时都需要满足使用者对产品这三方面的需要，也就是符号认知语意功能满足的认知需求、实用功能对用户选择取向和依托的决定作用、审美功能作为表现手段和精神追求对用户的心理层次满足。

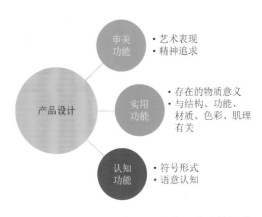

图6.1 用户对产品设计的三种功能需求

现代设计强调"以人为中心"的基本设计思想，而功能、情感需求分别对应了用户物质和精神这两个不同方面。不同的产品面对不同的使用情境、使用对象、制造工艺、生产水平，都需要进行综合考虑、取舍，从而展开功能、情感的设计并进行权重确定。"以用户为中心"并非设计师的主观意愿，深泽直人说："设计并不是我所创造的，它原本就在那里，我所做的一切，只是将它呈现出来。"作为具有物质与精神功能需求的产品，与单纯审美需求的艺术品的最大区别在于，在产品设计中，好的产品能够满足用户需求，换言之，用户的需求决定了设计物的最终呈现结果。深泽直人认为，用户知道合适的设计应该具备哪些参数，只是他们不能准确地描述出来而已。优秀的设计师应该能够在充分研究用户需求的基础上，准确地去匹配用户需求，从而设计出满足用户要求的产品。无论是机械设计师（或者说工程师）还是工业设计师，都在做着这方面的努力，他们之间的区别在于，机械设计师多是从功能满足的角度思考问题，而工业设计师除了物质功能之外还在艺术性上进行着不懈追求。

产品设计的系统观古已有之。从古代流传下来的文物，尤其是国宝级的文物，其设计不仅能满足功能需求，而且一定是在文化性和艺术性方面有着出色的表现。如图 6.2 所示，于 1970 年在西安市南郊何家村出土的鎏金兽首玛瑙杯是我国首批禁止出国（境）展览的国家一级文物。鎏金兽首玛瑙杯作为至今为止出土的唐代唯一一件俏色玉雕酒器，选用红色缠丝玛瑙，巧妙利用玉料的俏色纹理雕琢而成，杯体为角状兽首形，杯柄为羊角牛头的兽首双角，嘴部镶金帽，眼、耳、鼻刻画细微精确，整件作品从选材、设计到工艺，从功能、形态到审美艺术都可称为唐代玉雕艺术的精品，既满足了饮酒的功能要求，又能将优美的形态与使用功能有机结合。因此，鎏金兽首玛瑙杯充分满足了产品的审美功能（兽首造型）、实用功能（漏斗灌注）和认知功能（向神致敬）的系统性要求。

图6.2　鎏金兽首玛瑙杯

产品形态语意设计的系统观，还表现在产品形态的设计要考虑产品存在的时代、使用的语境、技术条件等因素。

以古代产品设计为例，如图 6.3 所示，长信宫灯是 1968 年在河北满城西汉中山靖王刘胜妻窦绾墓中出土的青铜器。灯体是一个通体鎏金、双手执灯跽坐的宫女，神态恬静优雅，设计巧妙，宫女一手执灯，另一手袖似在挡风，实为虹管，可以吸收油烟，又具有审美价值。这样的灯具设计是有其特定使用环境的，一方面以人物做灯具造型在古代并不鲜见；另一方面，只有灯具使用燃油照明产生油烟，才会做这样的结构设计。

以现代产品设计为例，如图 6.4 所示，BioLite BaseLantern 照明灯具设计，绿色节能，没有油烟，同样是考虑功能与审美的造型设计，但技术的变化决定了其在设计上与古代燃油灯具存在显著区别。作为世界上第一款结合了突破性的 Edge-Lighting（边缘照明，提供均匀柔和的光照）技术和蓝牙连

图6.3 长信宫灯

接技术（临近激活，通过蓝牙控制，可以让灯具根据使用者的位置距离自动打开或关闭，适合在徒步跋涉、深夜返回营地的时候使用）的 BioLite BaseLantern 平板营灯，既能作为便携式照明装备，又能作为个人微型智能电网使用。这款灯的尺寸很小，但可以为团队照明，给手机充电，并能够提供强力的实时分析，让使用者充分利用灯中储存的离网能量。而且，它有多个 USB 充电输出口，有 7 800mAh 可充电内部电池，可为手机、平板电脑和其他电子设备充电，并可通过 App 实现光照调节、输出控制等功能。

对比两者可以看出，产品形态设计不是单纯的主观审美创造，而是在特定语境下，由技术、文化、审美多种因素共同作用来充分满足用户使用需求和认知需求的综合设计。

图6.4 BioLite BaseLantern照明灯具设计

6.2 产品形态语意设计的趣味性

单纯的机械性功能设计可能会使产品缺乏生机和活力,给人以单调的感觉。在形态设计中,从无意识的感知角度出发,寻找生活中的经验和体会,从趣味性的角度进行拟人化、拟物化的造型设计,通过趣味性的形态设计可以实现趣味性与功能性的有机结合,就有可能带来一种愉悦的使用体验。

如图 6.6 所示的是泰国品牌 Propaganda 设计的洗手盆塞子和勺子,把传统的塞子、手柄元素设计成了一只小手,仿佛是落水者在呼救。Propaganda 的设计作品,在形态设计上采用了跳跃并且略带恶搞的思维方式,体现了设计师略带神经质的幽默感和对生活细节极其细微的思考和体会,通过趣味化的手法,能够使平常的、功能性的日用产品在一堆商品中轻易地抓住人们的视线。尽管该设计以幽默感为出发点,但是在传达趣味性的同时,使功能性更加明了,实现了趣味性和功能性两者的有机统一。产品以文化性、趣味性为出发点,以功能性为最终归宿,这也正是产品形态设计的基本要求,也就是说,脱离了功能性和实用性的形态设计,就不能成为真正意义的功能产品。

图6.5 泰国品牌Propaganda设计的洗手盆塞子和勺子

产品形态的趣味性能够满足特定用户群体的情感体验。如图 6.6 所示的马克杯设计,杯子图案形象可爱、逗人,其设计语言更容易获得年轻人的认同。再如图 6.7 所示的家居用品设计,同样是充满了童真、童趣,给使用者带来的是使用功能之外的精神享受,对于使用者尤其是年轻人来说,能够引起购买的冲动。

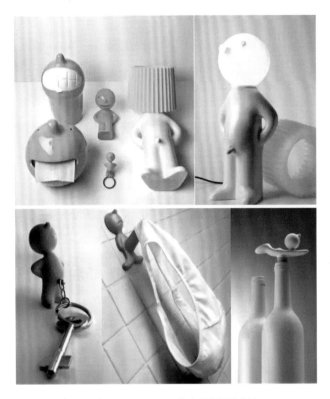

图6.6　泰国品牌Propaganda的马克杯子设计　　图6.7　泰国品牌Propaganda的家居用品设计

产品形态的趣味性设计能够充分挖掘和塑造产品的文化内涵，形成特定的设计思路和设计风格。以泰国品牌 Propaganda 推出的多元日用产品为例，在包括厨房用具、文具和灯饰等在内的家居用品设计中，通过拟人化的设计手法，为产品形态设计找到了设计主题和方向。该品牌推出了多款经典之作，其中最成功的莫过于创造了一个可爱逗趣的小人物 Mr.P。Mr.P 是一个全身光溜溜的小男孩，时而带着无辜的眼神化身胶带，时而傻傻地站立变成桌灯，时而又带着痛苦的表情惨变为五花大绑的卷线器（图 6.8）。在系列设计中，Mr.P 以各种搞怪的模样化身为杯盖、钥匙圈、门挡等，其人性化的表情叫人莞尔，也让消费者记忆深刻。正是凭着 Mr.P 这一人物形象的塑造，Propaganda 成功地将泰国人乐观幽默的性格转换成为其产品设计的核心价值。

优秀的产品形态创意设计总能在趣味性与功能性之间找到契合点。以文化创意产品设计为例，文化创意的目的是为产品带来附加值，除了要满足用户的基本物质功能需求以外，还要给用户在使用过程中带来相应的使用体验，

图6.8　Mr.P形象卷线器

171

通过合理且富有内涵的形态使产品与用户产生情感互动。如图6.9所示，国外设计师 Rafael Morgan 所做的哑铃存钱罐创意设计采用隐喻的设计手法，把"知识就是力量"的隐喻转换成"金钱就是力量"，富有趣味性和双关性，硬币存得越多，存钱罐就越重，就越能锻炼使用者的肌肉，使其实现身体和钱包的双丰收。

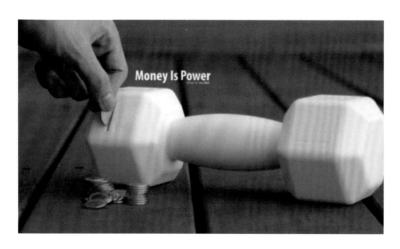

图6.9　哑铃存钱罐

　　作为文化创意产品，有一部分可能以创意设计的趣味性作为主要诉求，或者考虑特殊的使用环境，使产品具有互动的效果。如图6.10所示，同样是存钱罐设计，"见钱眼开"床头灯采用了"见钱眼开"的设计理念，把床头灯拟人化为"势利眼"的形象，只有每次投币才能启动，等亮了一段时间后，会自动熄灭，直到再次投币才重现光明。主动投币在很多场合被使用，如公交车投币、超市购物车取用投币、滑雪场雪橇临时无人看守投币存放等，但是设计为台灯投币，却具有趣味性和互动性。可以换个角度思考，如果没有硬币就无法在夜晚需要时打开台灯，是不是很尴尬？趣味性设计需要脑洞大开的头脑风暴，这也是对设计师日常生活体验和观察能力的一种考验。如图6.11所示的另一款存钱罐设计运用了移植的设计手法，将建筑内消防栓和公交车可敲碎的车窗玻璃设计理念借鉴到存钱罐的设计中，鲜艳红色的扁圆柱体存钱罐外部是透明玻璃，并标注"IN CASE OF EMERGENCY BREAK GLASS（如遇紧急情况，可打破玻璃）"，这一具有趣味性的存钱罐可能是专门用来考验小孩子的自制力和判断力的。

图6.10　"见钱眼开"床头灯设计

　　再看一个同样具有趣味性的存钱罐设计，如图6.12所示，同样运用隐喻和移植相结合的设计手法，把存钱罐设计成手机电量显示图标的效果，很容易引起年轻一代消费者的认知共识。从实用功能设计的角度分析这一设计，这种存钱罐只能存储同一面值的硬币，而且存储容量有限。如果将上述几个存钱罐从实用与趣味性相结合的角度对形态语意设计进行分析，相信大多数设计师都会认为无论从创意还是从功能实用性来说哑铃存钱罐应该是较好的一个设计。因此，对于创意产品设计而言，在考虑产品符号特征的同时，趣味性可作为创意设计的体现，但如何在保证趣味性的前提下实现实用功能的最大化才是人们应该考虑的重要维度。

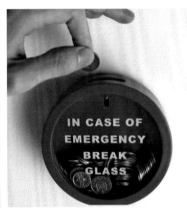

图6.11　以"应急"为设计理念的透明存钱罐

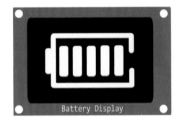

图6.12　以"电量显示"为设计理念的透明存钱罐

不止文化创意产品能够体现出较强的趣味性，在现代人越来越重视文化性需求的当下，强调使用功能的工业产品也越来越注重产品趣味性的设计。在现代工业设计中，意大利的阿莱西已经成为家居品牌中工艺、美学与品味的代名词，除了格雷夫斯的鸟鸣水壶，还有如图 6.13 所示的充满趣味性的安娜系列红酒开瓶器。设计师对"安娜"原来的设想是在阿莱西公司与飞利浦公司合作生产产品时，用作市场推广的吉祥物。他在意大利克鲁塞罗阿莱西总部的门口制作了一个巨大的"安娜"，想不到她们竟成为其在整个20 世纪 90 年代最畅销的产品之一，同时也令阿莱西声名鹊起，成为设计界的"梦工厂"。安娜系列开瓶器的设计在满足红酒瓶开瓶功能的同时，形象更是富有趣味，曾有人这样形容安娜：当你轻轻地旋转安娜的秀美脸庞时，她曼妙的高束腰连衣长身褶裙便会轻盈地鼓起，纤巧的双臂活泼地张开，犹如欧洲古典的淑女，双手优雅地拉起长长的扇形裙摆，在优美的转身中，为你开启红酒世界的浓郁芬芳。在很多人眼中，"安娜"除了是一件日常用品外，更是一件艺术品，很多国外收藏家和工业设计领域的专业人士都把她藏于精致的玻璃柜中。

在功能性产品设计中，通过设计创意来考虑产品的功能需求，同时巧妙地赋予功能产品以趣味性，将产品形态的能指和所指进行合理地发挥运用，可以给使用者带来不同的使用体验。如图 6.14 所示，在 2016 年斯德哥尔摩家居展上 Finnish Brand Vivero 品牌推出了降噪系列"罩子"设计。对于北欧以木地板为主的家居环境来说，降噪性非常重要，甚至说是不可忽略的，然而，当提到家具设计时，造型、颜色、尺寸和功能性会成为多数人关心的点。北欧设计杂志 *Damn Magazine* 的编辑 Walter Bettens 说："很多家居设计师在工作过程中根本不去解决噪声的问题，而对于降噪性的考量在我们的设计教育中也是非常缺失的。"设计师考虑到降噪的需求，因此进行了系列的降噪产品设计，图 6.14 的设计运用落地灯的设计手法，用顶部的罩子来罩住工作者的头部，可以达到隔绝和降低周围噪声、提高注意力的目的。在设计上，通过对罩子形态的巧妙处理，使其在工作状态下产生一种短发女人的视觉效果，具有可爱的卡通视觉效果，不仅满足了实用的功能要求，而且平添了一种趣味性，可以给使用者带来一种无法言说的美妙体验。

图6.13　Alessi公司安娜系列开瓶器
（亚力山德罗·门迪尼 设计）

图6.14　Finnish Brand Vivero品牌降噪产品设计

6.3　产品形态语意设计的功能性

在产品设计中，形态与功能一直是最为重要的两个基本因素。现代产品设计造型的形态塑造可以分为几种：一是以功能为主的简约造型设计；二是兼顾形态美学的功能设计；三是功能需求与语意结合的产品形态设计。

6.3.1　以功能为主的简约造型设计

以功能为主的简约造型设计强调功能，以功能实现为核心目标，摒弃任何多余的装饰。德国著名的现代主义建筑大师路德维希·密斯·凡德罗曾提出了"少即是多（Less is More）"的建筑设计哲学，在现代设计史上产生了极为重要的影响。

在路德维希·密斯·凡德罗的不少建筑设计作品中，结构几乎完全暴露，但是它们高贵、雅致，使结构本身升华为建筑艺术。如图 6.15 所示的西格兰姆大楼是路德维希·密斯·凡德罗设计的世界上第一栋高层的玻璃帷幕大楼，展现了他所提出的"少即是多"的原则。"少即是多"主张技术与艺术互相统一，以新材料、新技术为主要表现手段，提倡精确、完美的艺术效果。

"少即是多"的设计理念及之后的极简主义风格，都表达了现代主义的精髓，也就是去除多余繁缛的装饰，强调功能性。20 世纪 80 年代法国设计的明星飞利浦·斯塔克也是比较高端的极简主义风格倡导者，他所设计的作品如图 6.16 所示。

在 20 世纪初，设计处在最迷茫的时期，现代主义设计提出为人民大众设计，即颠覆以往历史上设计只为贵族服务的状况。"少即是多"和极简主义风格可以理解为形式与功能在社会环境影响下进行的最为恰当的协调。

在当今社会，人们的物质生活变得越来越丰富，精神追求越来越多元化，"少即是多"已不再是设计的主要追求。随着人们生活水平的提高，其对产品的追求也相应地有了更多的情感需求，尤其以文化创意产品设计为代表的产品，它们的设计在满足功能需求的前提下，个性化、趣味性、文化性、纪念意义等多元设计目标成为设计考量的因素。

图6.15　西格兰姆大楼

图6.16 飞利浦·斯塔克设计的极简主义风格作品

　　在人们的生活选择中，解决基本问题的产品需要以功能为核心，这类产品更多地追求以功能为主的简约造型设计。如图 6.17 所示，多功能家用垃圾清扫工具设计正是基于这一问题，以解决生活中的困扰为出发点，从而设计出能够清扫日常垃圾和打扫因特殊情况产生的垃圾（如不小心打翻牛奶）的清扫工具。这一设计将扫和拖两者有机结合，实现了不同状况下的功能需求。

　　尽管极简设计给人纯净、整齐的直观感觉，但极简主义并非以简为终极追求，好的设计总是蕴含很多细节，需要使用者用心去体会其中细腻的小激情与感动。尤其是北欧的现代设计，具有一种独特的地中海浪漫与洒脱，于简约、细致中传递出生活的情愫。如图 6.18 所示的丹麦设计师 Erik Magnussen 设计的呆萌啄木鸟鸟嘴水壶，运用极简又充满艺术性的造型设计，加上外壳的温润质感，让人一看就感觉舒心亲切。优秀的工业产品设计，不仅需要美的外观，还需要满足功能要求（尤其注重功能的极简主义风格设计）。呆萌啄木鸟鸟嘴水壶在功能设计上，最亮眼的部分是瓶盖，分为普通的螺旋瓶塞和改进设计的滑盖两种不同的形式，原理如图 6.19 所示。其中，滑盖利用水的浮力来打开瓶盖，不需要用力去开，而最厉害的是在倒水时盖子不会掉落（两个痛点一次搞定）；在使用时，操作轻松省力，外形别致优雅，手柄的弯曲度符合人体工程学，贴合手掌，手感相当舒适。在清洗方面，该水壶可轻松拆卸（图6.20），只需要按压壶身两侧的圆钮（鸟儿的眼睛），就能很容易地把水壶解体拆卸。

图6.17　多功能家用垃圾清扫工具设计

图6.18　呆萌啄木鸟鸟嘴水壶

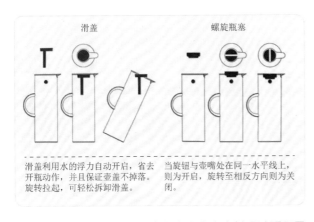

滑盖　　　　　　　螺旋瓶塞

滑盖利用水的浮力自动开启，省去开瓶动作，并且保证壶盖不掉落。旋转拉起，可轻松拆卸滑盖。

当旋钮与壶嘴处在同一水平线上，则为开启，旋转至相反方向则为关闭。

图6.19　呆萌啄木鸟鸟嘴水壶壶盖设计原理图

图6.20　呆萌啄木鸟鸟嘴水壶清洗拆解图

因此，繁复和简约都不是设计的终极目的，"以用户为中心"，解决使用中可能出现的痛点问题才是优秀设计的保证。优秀的设计总是能够在解决用户需求的同时，赋予产品以美学的用户视觉体验，从而抓住用户的眼球并使其在使用中获得绝佳的使用体验，这也正是我们从呆萌啄木鸟鸟嘴水壶中所能体会到的北欧设计的力量。

6.3.2 兼顾形态美学的功能设计

一切产品设计都是注重美的设计，这里所讲的兼顾形态美学的功能设计，并非是指功能设计就完全不注重美学，而是相对于极简主义风格和"少即是多"的设计理念而言的。极简主义风格在注重功能美的原则下，尽可能舍弃不必要的装饰；而兼顾形态美学的设计，则是在功能满足的基础上，强调了美和艺术的造型。例如，对于建筑艺术而言，建筑以功能性（如居住、办公、商业、工业、体育、演出等）为主，但同时也更强调建筑功能与艺术的有机结合。如图 6.21 所示的分别是著名建筑设计师李祖原设计的台北 101 大楼、北京盘古大观和宝鸡法门寺双手合十舍利塔，这些建筑造型采用仿生设计手法，或直接造型，或运用隐喻。如在形态设计上，台北 101 大楼整个大楼模仿"鼎"字设计，隐喻聚宝盆之意，整体看上去像竹子一样一节一节，象征节节高升；而且，以中国人的吉祥数字"八"（"发"的谐音）作为设计单元，每八层楼为一节，彼此接续、层层相叠，来构筑整体，在外观上形成有节奏的律动美感，开创了国际摩天大楼设计的新风格。

图6.21 台北101大楼、北京盘古大观、宝鸡法门寺双手合十舍利塔

　　如图 6.22 所示的橙子插座设计，将插座赋予了一种新的性格，使得插座不再是一种单纯的死板的工具，而是给人以亲切感。但是，这种设计也存在一些问题：尽管有了形式上的创意，但是我们可能会想，取电的工具和橙子之间有必然的联系吗？我们通过这样的形态设计真正能从中体会到有意义的东西吗？因此，对于某些兼顾功能与形态美学的产品设计而言，虽然考虑了形式美与功能性，但是这种形态美不一定能够将产品形态进行恰当的语意解读。从功能和形态设计上来讲，橙子插座满足了多个插头使用的结构和造型设计的需求，圆形的基本形态有效解决了多功能插座的造型问题（与传统的长方形插座相比，圆形插座更节约空间），而且能够通过造型优化解决具体的功能及使用需求问题，但是水果与电力之间在语意和文化层面上并没有必然的联系。

图6.22　橙子插座设计

图6.23　VATTINI竹子衣架

　　再如图 6.23 所示，设计师刘传凯设计了一种 VATTINI 竹子衣架。这种竹子衣架的设计灵感来自中国民间文化，老百姓把对美好生活的期望形容成"竹子节节高升"，寓意能像竹子一样，一年比一年好。通过这样的设计理念，设计师将现代简约的设计形态赋予了文化寓意，使形态富有现代形式美感。竹子衣架符合形式美和功能要求，具有美好的寓意。从符号属性来分析，竹子衣架采用的形象的能指是衣架、竹子，所指是挂衣服，但是产品竹子形态的能指衣架和所指的生活期盼之间并没有内在的必要关联性。

6.3.3　功能需求与语意结合的产品形态设计

　　相对于"少即是多"和极简主义风格，以及兼顾形态美学的功能设计而言，越来越多的现代优秀产品形态设计作品更加注重功能需求与产品形态语意相结合的形态设计。它们通过分析用户的使用环境、功能需求、人机关系等多重因素，通过造型设计，恰当地运用和体现形态符号的能指和所指关系，通过符合受众认知的形态设计，将功能需求巧妙地通过语意传达体现为奇妙的产品形态。

1. 指示性功能设计

　　如图 6.24 所示的是美国创意品牌 Fred & Friends 设计的手指书签。该书签的功能是记录读者阅读的位置，与普通的书签相比，它能够更清晰地指出上次阅读的位置，而不是单纯地指示阅读到了某一页。手指书签的设计设定了一种使用场景：读者在晚上读书时会常常睡着，到第二天醒来看书时忘记了是看到左页还是右页，因此还要大概地浏览这两页的内容以唤起记忆，这对急于想知道图书内容接下来会发生什么事情的读者来说是件很郁闷的事情。而使用了手指书签后，当读者在阅读困了以后，只要将书签上的手指符号调整到指向已阅读完的行间位置，下次翻阅时就可以马上知道这本书上次读到了哪里，便可轻松解决一般书签无法明确指出读到哪行的缺憾。这样的形态设计，直接使用了具象的"手指"造型，通过指向设计而具有简洁、明了的产品语意，通过对使用者的使用场景分析，有效地解决了产品功能与形态的结合问题，既生动又贴切，使产品形态准确地传达出了指示性功能。与图 6.23 的竹子衣架的符号能指和所指属性进行对比分析可知，手指书签运用手指的形象，其能指是手指、书签，其所指是书本上所读到的位置，两者之间有着必然的关联性，通过符号的内涵属性很好地解决了书签用来记忆阅读位置的问题，满足了产品形态功能性和审美属性有机结合的设计需求。

图6.24　美国创意品牌Fred & Friends设计的手指书签

2. 功能形态

　　功能形态，可以简单地理解为根据产品的功能需求来设计形态，这需要综合考虑人机、材质、色彩、形态等因素。如图 6.25 和图 6.26 所示的是韩国工业设计师 Yu Hun Kim 设计的一系列与阅读有关的多功能创意产品，取名为 Aid for Multi-Reading。这些设计通过对使用环境、人机需求的分析，要么从材质上考虑其功能满足的设计方法，要么从形态上满足具体的使用需求。该系列产品充分考虑了看书的时候会碰上的一系列问题，并以此展开有针对性的设计。

Aid for Multi-Reading 产品使用场景一（图 6.25）：边看书边吃东西，总会不小心弄脏书本，因此设计师在设计托盘时，使用了极为简单的透明玻璃材质，将玻璃托盘置于书本之上，就再也不用担心弄脏书本了。

图6.25　阅读托盘

Aid for Multi-Reading 产品使用场景二（图 6.26）：在拿着咖啡杯阅读的时候杯子会挡住阅读视野，为了保证阅读的流畅性，设计师设计了专供阅读使用的杯子，圆形的杯子被切掉了一段圆弧，这样的杯子可以让视线的运动变得更加流畅，还能够让人们在阅读的时候更加专注。这一简单的功能形态设计虽然没有复杂的变化，但却有效地解决了特定使用环境下的功能需求，同时又显得意味深长（专注读书，不要因为食物而影响了学习）。

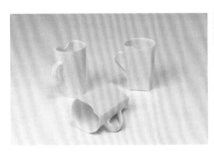

图6.26　阅读用杯子

3. 功能形态与文化性的结合

功能性是产品设计的前提和基础（这里所指的功能包括产品的物质使用功能和精神功能），好的产品创意设计首先是在考虑使用情境的前提下满足使用功能，其次还要考虑产品的精神功能。与极简主义风格不同之处在于，精神功能是在物质丰富的社会环境下，满足用户不同层次的需求，实现产品更大附加值的有效途径。

如图 6.27 所示的是美国创意品牌 Fred & Friends 设计的荷叶杯垫。绿叶衬托美丽的花朵，同时自身也是重要的存在，因为绿叶在生活中扮演着默默耕耘的角色。设计师把绿色的荷叶化身为浑然天成的杯垫，从洗过的水杯中掉下的一滴滴水珠，就像清晨的露珠，从而让饮水也别有一番清心惬意，便产生了一种人与产品的文化互动。荷叶杯垫上的叶脉非常清晰，可以作为晾干杯子的滤水盘，能保持杯内清爽通风，而不滋生细菌。这样的设计巧妙地运用了仿生形态的语意内涵，又自然地与使用环境、情境、场景有机结合到一起，在功能形态设计的基础上巧妙地体现出了产品的文化性，为产品增加了文化附加值。

图6.27　美国创意品牌Fred＆Friends设计的荷叶杯垫

　　概括来说，产品的形态语意设计不是单纯的造型设计，而是在特定环境下结合了深层文化内涵，能够满足特定使用需求，具有特定目标对象的多角度、多层次的深入设计。这种文化内涵的塑造可以通过形象转化得以设计实现，如图 6.28 所示的是以齐天大圣的金箍棒为原型的挖耳勺创意设计。金箍棒作为齐天大圣的兵器，能随心意随意变化大小，与妖怪打斗时，可从耳内取出，吹口气便可变成碗口粗细的一根铁棒；不用时，可将金箍棒变成绣花针大小，藏在耳内。设计师将这一与"耳"和"工具"相关的两点结合起来，塑造了富有艺术性和文化性的挖耳勺工具，使形态符号的能指和所指巧妙地结合起来。

图6.28　齐天大圣金箍棒挖耳勺

　　功能性与文化性的结合还表现在，运用富有意境的形态设计体现出产品所具有的功能性。如图 6.29 所示的是泰国设计品牌 Qualy 的创意产品，设计师 Newarriwa 运用松鼠纸筒的造型赋予了松鼠新的内涵。当纸筒里放入抽纸时，小松鼠是露出来的；当抽纸越用越少直至用完时，小松鼠便不断地下降直至藏入纸筒内。在这一场景中，小松鼠的"所指"就成为"指示纸筒内抽纸的多少"。如图 6.30 所示的是设计师做的"小松鼠"系列中的另一款产品"松鼠花盆"。这款作品以树干造型的花盆将松鼠放置在里面，小松鼠会依花盆里的水位上升或下降，从而可以清楚地知道花盆中的水位，要加水时是可以直接从树枝的孔洞注水，设计可爱而富有创意。本产品的文化性在于，设计师希望松鼠花盆能提醒人们保护森林和动物的重要性，只有用心植树，生态平衡了，小动物们才能生存，人类的家园才能更美丽。

图6.29 松鼠纸筒

图6.30 松鼠花盆

6.4 产品形态语意设计的结构要求

产品设计作为有形的三维空间实体的塑造，不同于二维空间的平面设计，但产品形态语意的设计实现必须考虑结构、材料等技术因素。从创意设计角度来说，产品形态语意设计大量运用联想思维，通过联想构建形态的语意修辞，简单来说，就是通过富有内涵的形态设计，可以由某一事物或现象联系到另一事物或现象，并归纳出共同或类似的规律，从而构建出新颖的设计形态。在这种构建过程中，人（设计师）凭借经验，通过联想可以使两个看上去不相关联的事物建立联系，并借此实现创新，而在实现创新的过程中，不仅需要感性思维，而且需要逻辑思维。正如图 6.31 所示的中国国家体育馆"鸟巢"，当这样一座像树枝网状结构编织成的建筑呈现在人们面前时，人们便马上联想到"鸟巢"，感受到一种归属感。"鸟巢"外形如同一个容器，高低起伏变化的外观缓和了建筑的体量感，形象完美纯净，俯视犹如鸟的巢穴，其能指和所指均指向了明确的容纳属性。设计师之一李兴刚在谈到对"鸟巢"的设计时说："鸟巢的实际设计过程是一步步按照功能逻辑、结构逻辑、美学逻辑，达到一个由内到外的设计结构。"

图6.31　中国国家体育馆"鸟巢"（皮埃尔·德梅隆 李兴刚 赫尔佐格 设计）

　　在设计富有美感和丰富语意产品形态的同时，一方面要考虑结构对功能的满足，另一方面要考虑结构设计的语意关系。产品结构语意主要通过构造来说明产品部件之间的关系、产品与环境的关系及产品的使用操作方法等。通过对形态结构的认知分析，用户易于明白部件之间是如何连接、如何操作的，产品连接部件之间的操作方式是旋转还是按与压，产品分开部件的操作方式是提、翻还是推、拉，等等。如图 6.32 所示的是丹麦设计品牌 Stelton 设计的 TO GO CLICK 随行杯，将不锈钢的冷酷和纤维的细腻融为一体，形成独特沉稳冷静的艺术风格，极具简约美感。在功能实现上，TO GO CLICK 随行杯通过方便的按压设计实现流水功能，对于这样的简单形态，使用者依据自己的认知，可以从其结构形式猜测出按压的操作语意。

图6.32　TO GO CLICK随行杯

TO GO CLICK 随行杯的设计奥秘在于按扣型的杯盖，开合都只需要用手指轻轻按一下就能完成。它通过简单而巧妙的结构设计，解决了开车时喝水的需求，而且杯口360°环绕出水，无论嘴对着杯口的任意位置都能喝到水，保证了司机喝水时的行车安全，如图6.33所示。

图6.33 TO GO CLICK 随行杯使用示意

用户对产品的功能要求（包括实用功能和精神功能）是产品设计的第一要素，除此之外还需要考虑产品的生产成本、运输成本等更多要素。如图6.34所示，设计师刘传凯设计的VATTINI衣架在结构设计上采用模块化架构，通过六根可拆卸的单元，可以方便包装运输和收纳，整个包装只有披萨盒大小，实现了运输成本的降低和制造工艺的简化；挂衣钩采用了可以根据需求任意打开和关上的结构设计，不仅不占物理空间，而且使设计更显精简美观。从整体上来看，组件之间和顶部可以延伸出不同的配套附件，在不使用的情况下，没有一般衣架张牙舞爪的威胁感。

图6.34 VATTINI衣架的便携设计

　　如图 6.35 所示，同样是衣架设计，设计师沈文蛟设计的 NUDE 衣帽架运用简约主义风格的设计手法，通过榫卯结构的形式简单地将三长三短共六根圆木棍组装成一个衣帽架。该设计以中国传统工艺孔明锁为灵感来源，安装后形成稳定的支撑结构，整个结构不使用五金连接件和工具，安装和拆卸非常方便。不难发现，好的产品设计是形态创意、结构创意与其他要素共同作用的结果。

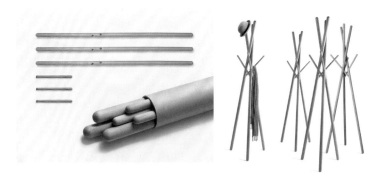

图6.35　NUDE衣帽架（沈文蛟 设计）

图6.36　创意油条包装结构设计

　　产品的结构除了语意方面对使用方式的说明关系及满足产品的性能要求之外，还可以通过合理而巧妙的结构设计开拓产品新的功能语意。如图 6.36 所示的早餐包装结构设计，通过对三棱锥形油条包装侧面的剪切操作，构造出豆浆杯的放置结构，可以让使用者由双手操作变成单手操作。类似的设计构思如图 6.37 所示，设计师在雨伞柄上设计出咖啡杯的卡槽结构，可以在雨天打伞的情况下，把咖啡杯放在伞柄上，避免了手忙脚乱的尴尬。

图6.37　创意雨伞伞柄设计

好的产品形态结构是功能、美学等因素的作用结果，但究其根本是设计师对用户需求深入分析的结果。如图 6.38 所示的耐克 Triax 3000 Running Watch，这款运动手表与常规手表的区别在于表盘的角度发生了扭转，这是因为设计师通过跑步试验发现，与正常抬腕看表不同的是，在跑步时举起手腕后视线与手表是呈一定角度的。Triax 3000 Running Watch 在结构设计上适应了这一角度，使跑步者在看表时处于一个舒适的视角。因此，站在使用者的角度去进行结构设计，可能更加满足人机环境的要求。

与文化创意产品突出文化性、趣味性、纪念性不同的是，现代生活家居用品等强调产品的宜人性、可用性，它们通过巧妙合理的结构设计和结构语意来满足用户的特定使用环境需求，这也成为现代产品形态设计中的重要考虑内容。如图 6.39 所示，波兰设计师 Jan Kochanski 通过创意性的结构形态设计为居家环境带来了一种漏斗式扫帚、簸箕组合。这一产品将人的结构认知完美地体现出来了（见表 6-1），设计简洁、圆润，极具简约美，但是该设计的创新性不在于其美学形态，而是由使用环境倒推出来的结构形态。

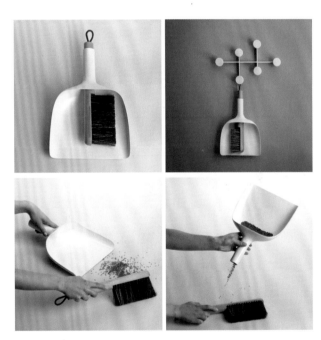

图6.38　耐克Triax 3000 Running Watch（刘传凯 设计）　图6.39　Menu品牌漏斗式扫帚、簸箕组合

表6-1　Menu品牌漏斗式扫帚、簸箕组合的结构语意关系

	能　　指	所　　指
簸箕手柄部分的圆孔	孔、洞、通过	扫帚和簸箕通过圆孔组合，垃圾通过孔洞倒入垃圾筐
扫帚手柄部的绳子	绳子	挂靠
簸箕手柄的粗细变化	漏斗	便于垃圾倾倒、收集

正如美国工业设计协会（Industrial Designers Society of America，IDSA）对工业设计所下的定义一样：工业设计是一项专门的服务性工作，为使用者和生产者双方的利益而对产品和产品系列的外形、功能和使用价值进行优选。产品形态（外形）和使用者对产品的需求是紧密结合的，真正满足用户需求（使用功能需求和精神功能需求）的外观才是最有价值的，产品的结构形态语意是对产品使用功能满足的重要保证。如图6.40所示，英国Joseph品牌系列的厨具设计正是以使用需求为出发点，通过完美的结构设计体现了厨具的设计美。

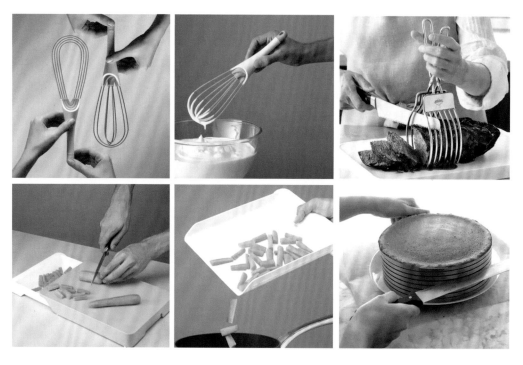

图6.40　英国Joseph品牌系列厨具设计

6.5　产品形态语意设计的材质要求

材料是产品形态设计的物质基础。一方面，产品形态设计对材料不断提出新的要求；另一方面，新材料为产品形态设计创新带来可能。如图6.41所示的是诺基亚公司在十几年前推出的NOKIA888概念手机，这款手机在当时给人们带来的最大冲击在于，同僵硬的砖块手机相比，它可以像手镯一样戴在手腕上，柔软的材质可以任意弯曲，放在桌子上来电震动时可以翩翩起舞。这些颠覆传统手机认知技术的关键在于使用了OLED显示材质，而在今天，OLED材质已经逐渐被商业化推广，除了曲屏手机之外，大屏幕曲面

OLED 电视机更是逐步进入了普通家庭的客厅。因此，材质对于产品形态塑造也有着重要的意义。

图6.41　NOKIA888概念手机

材质的重要性不仅在于其功能性，而且表现在材质所传达出来的符号语意属性。例如，手机在刚刚开始出现时，多采用金属材质，而随着手机的普及和成本的要求，手机外壳逐渐以塑料为主，但设计师总是把手机塑料材质处理成类似金属材质的视觉效果。这是因为在使用者的印象中，他们对金属材质耐用、坚固的语意认知概念作用的结果。

美国诗人乔治·桑塔亚那在《美感》中说："假如雅典娜神庙不是由大理石砌成，王冠不是由黄金制造，星星没有亮光，那它们将是平淡无奇的东西。"材质语意是产品材料性能、质感和肌理的信息传递。不同材料有着不同的物理性能（如硬度、强度、密度、耐磨性等），这些物理性能长期给人的使用感受固化成一种感性认知，并经由材质特定的质感肌理、表面特征，而给人以不同的视觉和触觉感受，最终形成特定的心理联想见表 6-2。

表6-2　不同材质的心理联想

材　　质	心理联想
金属	坚硬、光滑、科技、现代、理性、冰冷、冷漠、拘谨
塑料	轻巧、细腻、优雅、理性、艳丽、廉价
玻璃	高雅、明亮、光滑、时髦、干净、易碎
布	柔软、感性、浪漫、手工、温暖
陶瓷	高雅、明亮、光滑、整齐、精致、艺术性
木材	自然、协调、亲切、古典、粗糙、感性、温暖

不同的质感肌理能给人不同的心理感受，如玻璃、钢材可以表达产品的科技气息，木材、竹材可以表达自然、古朴、人情意味等。产品形态设计中的材料语意应用主要体现在材料对产品与人的情感关系影响上，材料自身的质感和肌理本身作为一种艺术形式，通过合理选择可以增加产品的感性成分，拉近产品与人之间的情感，增强产品与人之间的互动。

如图 6.42 所示的农产品包装设计中，广泛使用牛皮纸、毛纸绳、木盒等包装材料。

牛皮纸的褐色本身就具有一种温馨的怀旧感觉，通过几种天然材质的搭配，配以简洁的单色图案，可以营造一种天然、古朴、温馨的感觉，有利于塑造农产品的自然、质朴品牌形象。相对而言，金属或塑料食品包装则显示出一种工业风，强调和突出的是产品的质量保证。尽管同为纸张材质，但是采用白色或彩色印刷效果的纸质包装，会带来截然不同的认知感受。因此，材质不同的包装风格能体现不同的符号语意，传达出不同的产品诉求。

图6.42　以天然材质为主的农产品包装设计

相同的产品在选择不同的材质时，考虑的因素是多方面的，除了成本、加工等技术因素之外，不同材质的使用体验是其中的重要因素之一。不仅不同类材质会带来不同的用户体验，而且同类不同种材质之间也存在较大的使用差异，分别如图 6.43 和图 6.44所示，以家居环境中最常见的座椅设计为例，不同材质（如布、塑料、木材、金属等）和同为布类的不同种材质运用都可能会给用户带来不同的认知心理感受。

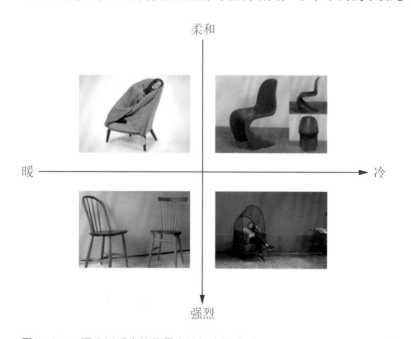

图6.43　不同类材质座椅的用户认知心理感受

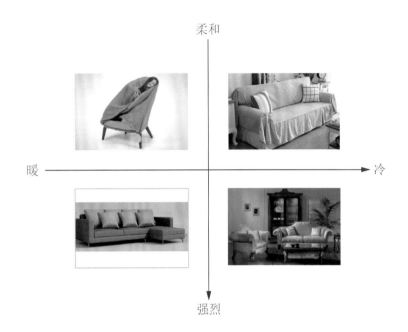

图6.44　同类不同种材质座椅的用户认知心理感受

产品形态语意设计中对材质的要求，除了考虑材质带给人的心理感受之外，还要考虑产品性格特征和特定的语境。如图 6.45 所示的分别是古埃及的金字塔和法国卢浮宫的水晶金字塔，两者的材质区别原因是由各自的语境决定的。埃及金字塔处在风吹日晒的沙漠，其巨大的体量、环境、建造方式决定了其需要使用巨石材质；而卢浮宫入口金字塔采用玻璃材质，则是意料之外，情理之中，因为旧的建筑不能动，也不能改变风格，所以只有用玻璃材质或者透明、半透明板，把旧建筑包围起来，将部分改造为透明，这样旧建筑才能"透"出来。

图6.45　环境决定的材质运用

在技术作保障的前提下，新材料的运用配合富有内涵的产品形态设计可以为用户带来更多选择。如图 6.46 所示的是采用硅胶材质设计的厨房用品，与金属厨房用具不同的是，具有环保、耐高温、柔软、耐脏、不沾等优越性能的食用级硅胶，能够广泛用于厨房烘烤、烹饪、搅拌等过程；而且，硅胶材质可以产生五颜六色的视觉效果，配合可爱的形态设计可使厨房充满了乐趣。

图6.46　硅胶材质厨房用具

6.6　产品形态语意设计的色彩要求

　　在产品形态设计的构成要素中，色彩是最抽象化的语言，不仅具备审美性和装饰性，同时作为情感与文化的象征，还具备象征性的符号意义。色彩的象征性是由色彩联想引起的，由于人对生活经验的积累和对生活环境的感触，所以逐渐形成特定的色彩认知。色彩联想是指当人们看到某一色彩时，由该色联想到与其关联的其他概念，可以是具体的物体，也可以是抽象的概念。

　　色彩的象征性决定了色彩对产品形态语意的重要作用。色彩语意是由色相、明度、纯度，及其相互之间的组织关系来决定。不同的色彩及组合会给人带来不同的感受，如红色热烈、蓝色宁静、紫色神秘、白色单纯、黑色凝重、灰色质朴，色彩表达出不同的情绪，也包含不同的象征意义。同时，由于民族、宗教、地域等因素的影响，同一颜色可能具有不同的象征性。例如，黄色在中国古代代表皇权，而在中国传统文化中，黄色居五色之中，是"帝王之色"；在古代汉语中，"黄屋"指古代帝王乘的车，"黄榜"指皇帝发布的文告，"黄门"指汉代为天子供职的官署；在现代汉语中，"黄道吉日""怀黄佩紫""黄门驸马"等词语也都反映出"黄"在中国人心目中的尊贵地位。但是,在西方,黄色被认为是一种低级色,如世界名画《最后的晚餐》中就把出卖耶稣的小人犹大身上的服装画成了黄色。

随着时代的变化,色彩的语意关系也可能会发生迁移,如图 6.47 所示,作为在古代代表皇权、尊贵的"黄色",现在被用作警示色。概括来说,影响色彩语意的因素有三点:一是人类的性格、经验和知识;二是具体的环境;三是特定的时间和地域。

图6.47　黄色色彩语意的变化

在产品形态设计中,色彩也有其相对固定的色彩语意,并被选择应用。例如,在汽车不断普及的中国,家用轿车选用黑色的总体要小于其他颜色,这是因为在普通百姓心中长期以来逐渐固化的一种观念是"黑色轿车一般都是公车"。又如一般专业照相机大多以黑色为外壳表面,给人以精密严谨感,而一些傻瓜型数码相机则以银色、灰色甚至更多鲜明的色彩为主,给人以时尚、现代感。

在产品形态设计中,合理的色彩运用还能起到暗示操作方式和引起注意的作用,如红色可以引起警觉,使人产生不安的心理感受,而绿色则表达安全,常被引申为环保象征。

　　在产品形态设计中，单一色彩给人以简洁、干净、整齐的心理感受，而通过不同色彩运用可以使产品系列变得丰富多彩。如图 6.48 所示的 Erik Magnussen 设计的呆萌啄木鸟鸟嘴水壶金属质感的单色配色效果，给人以干净、优雅的感觉。不同色彩的搭配组合可以构成图案效果，而图案作为产品形态的重要装饰元素则又可能具有重要的功能性，如图 6.49 所示的深泽直人设计的果汁包装设计，通过逼真的色彩视觉效果，运用视觉效果富有趣味性地传达了果汁的口味类别，使色彩具有了对产品进行解释说明的符号属性。

图6.48　呆萌啄木鸟鸟嘴水壶的配色设计（Erik Magnussen 设计）

图6.49　果汁包装设计（深泽直人 设计）

本章习题

（1）运用所学产品形态语意设计知识，从功能、趣味、审美等角度对下图中的创意设计产品进行分析。

（2）运用本章所学的设计知识，以所在地区文化遗产或博物馆馆藏文物为设计原型，进行具有实用性的文化创意产品设计。

第7章

产品形态语意设计案例分析

本章要求与目标

要求：通过案例分析掌握基本的产品形态设计实现的思路和
方法。

目标：综合运用所学知识，进行产品形态设计。

本章内容框架

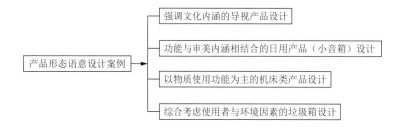

产品形态语意设计案例

- 强调文化内涵的导视产品设计
- 功能与审美内涵相结合的日用产品（小音箱）设计
- 以物质使用功能为主的机床类产品设计
- 综合考虑使用者与环境因素的垃圾箱设计

7.1　汉唐元素景区导示牌设计

导示系统是现代人居环境中重要的视觉信息产品。导示系统设计可以提供科学和人性化的导航，传达"方向、位置、安全"等信息，作为人与空间建立更加丰富、深层的关系的一种媒介，能够帮助使用者更好地认知、理解和使用空间。

现在很多空间环境中，一方面越来越重视空间导示内容的设计，注重功能性；另一方面过分注重材料种类、加工方式等技术因素带来的视觉美感，而文化性相对缺失。从产品形态语意角度而言，导示作为一种文化或文化的一部分，不但具有引导、说明、指示等功能，而且是空间环境布局的一个重要环节，也是营造风格、塑造文化的重要组成部分。

以度假休闲环境的导示系统为例，导示牌应该具备四种属性：一是导向指示的功能属性；二是环境构成属性，导示系统应该融入环境并服务于整体环境，对整体空间环境起到风格、文化提升的作用，而不能割裂于整体环境；三是由于在环境中所起的引导作用，导示牌应始终处于人们目光的聚焦点，成为最易引起人注意的关注点；四是在环境或建筑布局的点、线、面中，导示应起到点和以点代面的作用。因此，导视系统或者导示牌的造型、装饰会直接影响到整体景观的风格、文化和品质，休闲度假环境导示不但要关注自身的引导功能，而且要注重"关注点"所起到的营造氛围、营造文化和营造品位的作用。

基于对文化景区导示系统功能要求的理解，在以汉唐文化景区为背景的导示系统设计中完成了如图 7.1 和图 7.2 的两种导示牌设计。

7.1.1　文化定位

汉代和唐代在中国社会发展和中华民族形成的历史过程中占有非常重要的地位，国家统一、文化昌明、武功强盛、国威远播，是汉唐两朝的共同特点。汉朝有文景之治、汉武盛世等，而唐朝则有贞观之治、开元盛世等。人们常常认为中国在汉唐时期文治武功及国际声望较强盛，故称之为汉唐盛世。

"汉"原指天河、宇宙银河。《诗经》有云："维天有汉，监亦有光。"而作为中华民族最大多数的汉族，正是因为中国古代强大的汉王朝而得名（汉朝以前称"华夏"或"诸夏"）。历史上，汉王朝国势强盛，在对外交往中，其他民族称汉朝的军队为"汉兵"，称汉朝的使者为"汉使"，称汉朝的人为"汉人"。吕思勉说："汉族之名，起于刘邦称帝之后。"吕振羽说："华族自前汉的武帝宣帝以后，便开始叫汉族。"总而言之，汉族之名始自强大的汉王朝。

在汉唐文化中，汉服又成为中华文化的重要元素之一。汉服全称"汉民族传统服饰"，又称汉衣冠、汉装、华服。在汉族的主要居住区，以汉文化为背景和主导思想，以华夏礼仪文化为中心，通过自然演化而形成的具有独特汉民族风貌性格，明显区别于其他民族的传统服装和配饰体系，而通过中国传统的染、织、绣等纺织工艺和服饰美学，则体现出"衣冠上国""礼仪之邦""锦绣中华"的文化特征。关于"汉服"最早的记载，出自《马王堆三号墓遣册》："美人四人，其二人楚服，二人汉服。"其中的"汉服"是指汉朝的服饰礼仪制度，即《周礼》《仪礼》《礼记》中的冠服体系。唐代《蛮书》记载："初袭汉服，后稍参诸戎风俗，迄今但朝霞缠头，其余无异。"范晔《后汉书·舆服制》中指出，汉服"始于黄帝，备于尧舜"，定型于周朝，并通过汉朝依据"四书五经"形成完备的冠服体系。汉服作为中华文化的重要部分，还通过华夏法系影响了包括日本、朝鲜、越南、蒙古、不丹等国家在内的整个汉文化圈。

正因为汉服具有重要的汉唐文化特征属性，所以选择汉服作为汉唐文化景区的汉唐文化的形式载体，能够与景区的风格、文化达到和谐统一。

7.1.2 文化元素提取

《汉书》中有"布、帛广二尺二寸为幅，长四丈为匹"之说。汉服在制作上，采用幅宽二尺二寸（50cm左右）的布帛剪裁而成，主要构成部分包括领、襟、衽、衿、裾、袖、袂、带、韨等部分，前襟后裾，缝合后背中缝而成。

汉服在构造上的主要特征包括交领右衽、褒衣广袖和系带隐扣。

以汉服元素为基础进行导示设计的关键是把握汉服基本特征，通过简洁的形式设计体现出汉服的关键特征。

7.1.3 形态设计

在造型设计上，充分考虑符号的能指和所指，汉服元素的导示牌的"能指"是其表现出的导示属性，"所指"是汉唐文化景区所内涵丰富的汉唐文化。

在图7.1所示的导示设计方案一中，形态设计上以汉服为设计元素，巧妙地结合运用静态服饰展示的效果，通过稳定的视觉形式实现均匀、对称的方向指示功能。在图7.2

所示的导示设计方案二中，采用了与方案一形成对比的动态形式，在形态上采用仿生的设计手法，以唐代宫廷乐舞为设计原型，通过唐代女性抛洒水袖的舞蹈动作，设计出一高一低的上肢体态，使导示牌具有了动感，打破了常规导示牌的稳定、安静的视觉效果。

通过汉服元素的应用，结合富有文化性的静态和动态姿势设计，使导示牌的功能性和文化性得以实现，使导示牌充分体现出文化性，能够有效地将其作为景区的一部分有机融入景区的景观设计之中。

图7.1 汉唐文化元素景区公共导示设计方案一

图7.2　汉唐文化元素景区公共导示设计方案二

7.2　桌面小音箱形态设计

音箱是可以将音频信号变换为声音的一种设备。趣味性小音响以外观设计为主要切入点，作为外接扬声设备可以为手机、笔记本电脑等提供扩音功能。作为工业产品，音箱的设计必须考虑功能、结构、材质、色彩与形态的有机结合。从产品形态语意角度进行的创意设计，采用仿生设计的手法较多。在小音箱的形态创意设计过程中，首先要对目标音箱产品进行情感化语意目标设定。基于产品语意的桌面小音箱仿生设计基本流程如图 7.3 所示。

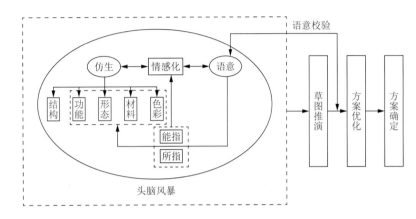

图7.3　基于产品语意的桌面小音箱仿生设计基本流程

音箱作为能发声的产品，从功能角度考虑，"声""响"是其外延性能指的核心，要以此为出发点，结合形、色、质、环境、适用人群等因素对目标产品进行头脑风暴，获取设计创意思路。桌面小音箱设计头脑风暴思维导图如图 7.4 所示。

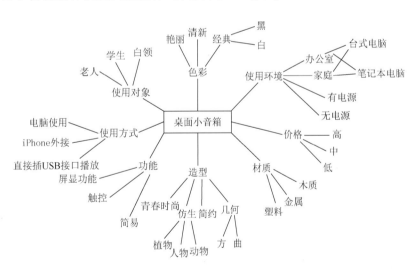

图7.4　桌面小音箱设计头脑风暴思维导图

头脑风暴从使用环境、使用对象、使用方式等角度展开，讨论不同的造型、功能、材质、色彩等的构思和可能性。从基于产品形态语意角度考虑的仿生设计对可仿对象进行发散思维，可以想到鼓、海螺、号角、琴、车、飞机等可以发声的造型元素，从情感化语意角度进一步分析，还可以考虑天使、歌声等更多富有情感的造型元素。如图 7.5 所示的是经过头脑风暴后得到的以腰鼓为原型的桌面音箱设计草图和设计方案，如图 7.6 所示的是天使造型的桌面小音箱设计草图和设计方案。

图7.5 鼓动——桌面小音箱设计草图和最终设计方案（设计：陈麟凤 指导：杜鹤民）

一方面，腰鼓是发声的器物，以"腰鼓"为仿生对象，将鼓的形态运用于音箱设计，两者具有相同的功能内涵，作为"音响"符号属性运用腰鼓的造型其能指和所指均符合音箱的设计需求；另一方面，腰鼓是中间隆起的圆柱变形体，在设计中巧妙地斜向一分为二切开，实现了从 1.0 到 2.0 的变化，摆放在桌面上时，音腔斜向发声，使声音更具空间效果，并且使音箱在摆放上具有了动态效果。从包装结构设计上看，合二为一的包装形式使音箱的包装方式更加简化。

产品以陕北腰鼓为设计素材，主体采用鲜艳的中国红配色，代表了中国文化的吉祥、喜庆，富有美好寓意。整体设计兼顾了功能、结构、色彩、形态等综合要素，不仅满足了小音箱的使用功能要求，而且通过富有文化性的造型使产品充满了趣味性。

运用天使造型的桌面音箱造型设计，充分考虑了仿生形态与产品语意设计的结合。天使是纯善、美好的化身，天使的歌声应该是天籁般的，用天使的造型作为音箱的基本形态，用"听天使在唱歌"作为其文化内涵。从外延性语意来看，"歌声"与"音箱"在能指上是相通的；天使作为宗教中纯净体、美的化身，有着深厚的文化性、艺术性，采用天使般少女的仿生造型作为音箱的基本外形，其所指内涵语意厚重。与其他单纯的生物形象仿生造型相比，最终方案更具内涵深度，更能实现仿生形态的造型美与产品语义具有的内涵美两者之间的有机结合。

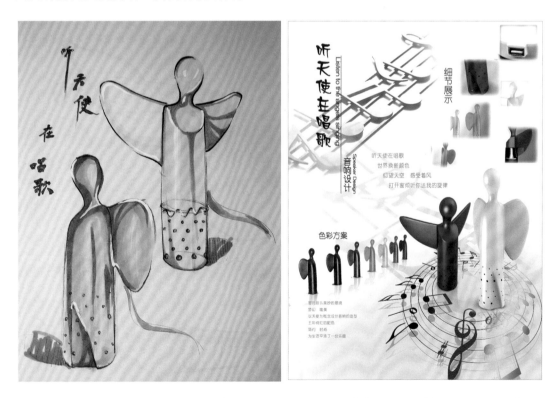

图7.6　听天使在唱歌——桌面小音箱设计草图和最终设计方案（设计：陈麟凤　指导：杜鹤民）

产品仿生设计不是单纯的仿形设计，而是要充分考虑形态所具有的语意关系。通过语意关系的缜密推理，不仅可以使仿生造型设计具有美的形态，而且可以在功能和情感等方面更富有内涵，从而增加产品的可用性、情感性和文化性。

7.3 桌面型五轴数控机床外观设计

数控机床是以加工为主的功能机械加工设备。与文化创意产品设计最大的区别在于，工程机械设计功能性是其设计的第一要素，形态设计是在满足功能性需求基础上的品牌形象塑造。对于功能产品而言，造型设计的第一考虑因素是产品形态对功能和使用者人机环境需求的满足。

桌面型五轴数控机床项目的设计对象是陕西华拓科技有限公司的数控机床产品，在设计前期，首先对桌面型数控机床的结构要素进行了分析，这是产品功能性满足的前提和基础。华拓桌面型五轴数控机床结构要素分析如图 7.7 所示。在对结构要素进行分析的基础上，先展开头脑风暴，确定造型设计思路，再进行设计定位（图 7.8）。尤其在设计细节上，寻找可以进行设计的关键细节，如通风孔设计、把手设计、开关键选用、磁吸式手控器设计及可以形成品牌基因的可发光 LED 显示 LOGO 等。

结构要素

※ 整体结构形式为箱式一体，包括床身、控制电路板、PC板、液控板等

※ 床身正面开门，设计中可以考虑开门的形式

※ 考虑电气部分工作中的散热，设计中可以考虑散热孔的平面构成效果

※ 开门可采用滑动、平开等不同形式，设计中可考虑拉手的美观等细节

※ 正面装有控制开关，可以考虑开关的整体布局和造型的美观

※ 考虑各传动皮带的调整和更换，留有检修口，考虑箱体各块面板的安装结构形式

图7.7 华拓桌面型五轴数控机床结构要素分析

设计定位

※ 能表现出华拓的产品形象

※ 体现出设计的现代感、机床的科技感、产品的质量感

※ 考虑限定因素、现有的床身尺寸和电控布局，目前在结构上尽量不做或少做改动

※ 考虑产品的延续性和设计感，为今后的合理化设计做出结构和布局预想

※ 注重细节塑造，体现产品的精致效果，如把手、开关键等外购件的视觉效果

※ 合理考虑加工工艺和成本控制

图7.8 华拓桌面型五轴数控机床外观设计定位

华拓桌面型五轴数控机床外观最终设计效果图和产品实物如图 7.9 所示。该设计围绕形态设计的整体要求和细节设计定位，在设计中突出产品的严谨性、功能性需求，整体以几何体为主，造型简洁。在形体上分成左、右两部分（左半部分为加工平台部分，右半部分为控制电路部分），并分别配以黑、白两色，在线条和色块划分上，总共运用了五组黄金分割比例（图 7.10），经过符合美学法则的比例运用，使原本臃肿笨重的正方体造型因色彩关系而在视觉上给人以纵向挺拔、瘦高的效果。在细节塑造上，黑色轮廓包围的工作平台开门进一步增强了机床竖向延伸的视觉效果；急停开关位于机床正面的黄金分割点上，突出、明显，便于在紧急情况下的紧急操作；品牌 LOGO 内置 LED 等，

图7.9 华拓桌面型五轴数控机床最终外观设计效果图和产品实物（设计：杜鹤民 惠德文）

图7.10　华拓桌面型五轴数控机床外观设计中黄金分割比例运用

在工作状态下自动点亮，突出了产品的品牌效果；机床侧面箱体壁板的通风孔设计由两部分构成，一是由英文 LOGO 构成的通风孔，二是由点构成的主体通风孔，这些富有设计感的通风孔增强了侧面的视觉效果。

7.4　智能垃圾回收箱设计

产品设计首先是满足用户需求的设计，尤其对于功能产品来说，应考虑产品的技术、功能因素和用户的使用习惯，在功能约束前提下进行产品形态设计，设计中功能语意和结构语意便成为设计中的重要考虑因素。

智能垃圾回收系统的设计理念是，以互联网信息控制为基础，通过远程控制系统，具有自动控制垃圾箱箱盖开启、垃圾计重、垃圾箱容量检测、个人环保贡献积分等功能，设计中产品形态满足用户的人机需求和使用功能需求。

目前随着人们对环保的重视，类似的垃圾回收箱设计不断出现，设计形式各异，但作为设计选择而言，好的设计要以用户习惯为前提，满足用户的操作需求。在设计之前先要对同类产品进行设计分析，对用户的操作习惯进行分析。斯坦福大学设计学院提出了五点关于设计思维（Design Thinking）的设计理念，分别是 Empathize（移情）、Define（定义）、Ideate（设想）、Prototype（原型）和 Test（测试）。其中，移情的意思就是同理心，设计师在进行产品设计前，首先要有同情心、同理心，把自己当成客户，体会客户都有什么问题，应如何去有效解决这些问题。

如图 7.11 所示的是很多小区中可以看到的旧衣物回收箱设计，这些设计是比较合理的，对于家中的旧衣物，如果不再需要时，可以投入回收箱，捐赠给需要的人，慈善机构会定期来收走回收箱中旧衣物。在使用时，使用者从投放口处拉开挡板，把旧衣物放到挡板上，放开手后，旧衣物随着挡板的自动回位而落入回收箱中，这样的使用过程能够符合和满足旧衣物投放的使用操作。

图7.11　社区中的旧衣物回收箱设计

如图 7.12 所示的是现有的可回收垃圾箱设计，采用了与旧衣物回收箱相同的设计理念和设计手法，但是，设计师忽略了垃圾和旧衣物的区别，忽略了使用者在这两种不同境况下的操作习惯。首先旧衣物不是脏衣物，使用者在拉开投放口时，不会忌讳用手，而垃圾箱的前提是"垃圾"存放物，用户不习惯或不愿意用手去触摸箱体（这也是公共场合设计感应式洗手水龙头的原因，避免交叉感染）。因此，运用旧衣物回收箱的设计理念进行可回收垃圾箱的形态设计忽略了设计思维所强调的"移情"。

在对现有产品和用户需求进行"移情"分析的基础上，我们进行了智能可回收垃圾箱的外观设计，如图 7.13 所示。该垃圾箱整体采用纵向竖高造型，为了避免臃肿和增加挺拔的视觉效果，在箱体正面采用了漏斗中凹陷造型，一方面通过分割增加了纵向延伸的视觉效果，另一方面凹陷的漏斗造型与主题灰色的草绿配色，增加了形态的层次感，打破方形的死板，使形体产生更为丰富的视觉美感。垃圾箱箱门右上侧部分的二维码供用户进行 App 客户端下载并完成注册，当要进行垃圾投放时，可通过手机客户端操作，从二维码上方的条码出口打印出垃圾投放信息，用户将条码粘贴在垃圾袋上，可以供垃圾回收单位进行环保贡献信息统计。条码打印后垃圾箱顶部的箱盖自动开启，用户完成投放后，箱盖自动关闭，整个操作过程中箱盖由电机驱动，并自动感应计时控制闭合，用户不需要和垃圾箱发生直接接触，符合用户的认知和习惯。整个形态的设计是在满足用户需求的前提下，由人机要素和功能要素配合美学需求来实现的。此外，垃圾箱背板中部位置是用于信息显示和播放视频信息、广告的液晶屏幕，顶部是倾斜的雨棚，上面安装有太阳能电池板，考虑到垃圾箱可能的安装朝向，太阳能电池板可以通过液压支撑杆改变朝向。整体设计上下呼应，造型简洁。类似的功能产品形态设计的出发点首先是使用环境、用户习惯和用户需求，在满足这些因素的基础上进行形态美的设计。

图7.12　现有的可回收垃圾箱设计

图7.13　智能可回收垃圾回收箱设计（设计：杜鹤民　曹元者　郜益宏）

7.5　太极茶壶设计

　　太极是中国文化史上的一个重要概念。《庄子》中有"大道，在太极之上而不为高；在六极之下而不为深；先天地而不为久；长于上古而不为老"。太，即大；极，指尽头，极点。物极则变，变则化，所以变化之源就是太极。

如图 7.14 所示的是中国传统的太极图案。在太极图案中，两个大逗号里面的黑白小圆点，叫作"阳中有阴，阴中有阳"。在中国文化中，男为阳，女为阴；左为阳，右为阴；上为阳，下为阴；火为阳，水为阴；升为阳，降为阴；浮为阳，沉为阴……左、上、升、浮、白属于阳性，所以太极图中左边的一块代表"阳"，呈白色、向上升浮；同理，右边的一块代表"阴"，为黑色，向下沉降，于是中间就形成了一个反"S"形。

图7.14 太极图案

茶是中国传统饮品，中国有很悠久的饮茶历史，世界上很多地方饮茶的习惯是从中国传过去的。饮茶被认为是中国人首创的，是中国文化的象征之一。茶壶是一种泡茶和斟茶用的带嘴器皿，由壶盖、壶身、壶底、圈足四部分组成，而壶盖有孔、钮、座、盖等细部。茶壶是茶文化的重要载体之一，中国有"一器成名只为茗，悦来客满是茶香"的经典名句。在现代设计中，以太极为元素的茶壶设计并不鲜见。

在如图 7.15 和图 7.16 所示的设计中，将太极和茶壶这两个重要的中国文化符号结合在一起，设计出了茶壶、茶杯、茶盘、筷子等一系列中国茶饮文化用具。在形态上，在壶钮和壶身部分完整地应用了太极图案形象，直观、明了；茶杯则是运用切减设计的手法，通过对平底球形杯子的顶部切出"S"形，呈现出太极图案的意境，简约而富有想象。在功能上，壶身部分镂空的把手形态正好构成太极形状，将形态与使用功能有机结合到一起。在色彩上，充分运用黑白两色，映衬了阴阳的太极文化主题，配色简单、大气，体现了中国文化中的色彩观念。整体的设计，无论形态、色彩还是功能都将太极符号的能指和所指与茶具所具有的文化属性进行了有机结合。

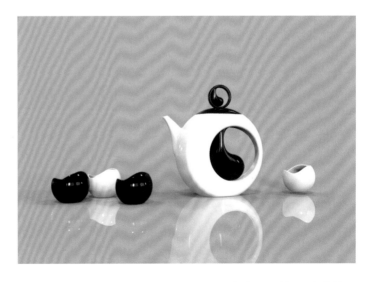

图7.15 太极茶壶和茶杯（设计制作：杜鹤民 陈萌萌）

■ 设计说明：

　　中华民族历史悠久，传统文化符号异彩纷呈，从思想到形态有很多值得我们传承的地方。而植根于中国传统文化土壤中孕育而生的太极文化，自然浸润了充沛的传统文化底蕴。本次设计以"太极"为设计元素，结合中国传统陶瓷与茶饮文化，设计出一套富有中国文化气息的茶餐具。中国传统文化滋养了太极文化，而太极文化的出现，则丰富了中华民族传统文化的宝库，二者缺一不可、相辅相成，共同发展完善了极富魅力与内涵的中国文化。

图7.16　太极系列茶文化用品设计（设计：杜鹤民　陈萌萌）

　　作为工业产品设计，在产品形态设计的过程中，除了要考虑形态美学、文化内涵、功能和结构的要求之外，还要考虑加工的可实现性。上图的太极茶壶设计，尽管整体造型简洁，但在细节上存在很多加工方面需要考虑和解决的问题。陶瓷技艺作为中国传统手工技艺，需要艺术家、匠人的精湛技艺，如传统的拉坯加工适用于旋转体，而对于非旋转体则一般采用手工塑性的方法。对于上图的太极茶壶设计，需要充分运用了现代制作技术，先通过 3D 打印制作母体（图 7.17），然后通过翻模完成太极茶壶的制作。因此，在产品形态设计中，产品设计的系统性需求要求设计师在设计之初、设计进行之中都要进行全面考虑，以保证设计创意的最终实现。

对于工业产品设计，不仅需要灵感、顿悟式的优秀创意，而且需要技术、方法的支持，从而实现技术与艺术的有机结合。总之，需要在"以用户为中心"设计理念基础上，整合用户需求、技术实现和材料工艺等多种因素，通过系统考虑和设计，最终将优秀创意转换为实用的产品。

图7.17　运用纸堆叠3D打印机完成的太极茶壶母体

本章习题

（1）综合运用所学知识，选择一种生活用品（办公用品、家电产品等），进行产品形态设计，要求完成设计调研分析报告、思维导图、设计方案草图和设计方案评价分析、设计效果图。

（2）综合运用所学知识，选择一种家具产品，进行产品形态设计，要求完成设计调研分析报告、思维导图、设计方案草图和设计方案评价分析、设计效果图。

（3）综合运用所学知识，选择一种交通工具产品，进行产品形态设计，要求完成设计调研分析报告、思维导图、设计方案草图、设计方案评价分析和设计效果图。